普通高等教育"十一五"国家级规划教材

天然气集输技术

梁 平　王天祥　主编

石油工业出版社

内 容 提 要

本书主要面向工程应用，内容涵盖了天然气集输、处理与加工方面的知识，系统地介绍了天然气处理要求及相关基本知识、天然气物化性质、水合物的形成与防止、天然气集输系统、天然气集输设备，以及天然气脱水、脱凝液和脱硫。

本书可作为高等院校油气储运及相关专业教材，也可作为远程教育、成人教育及企业培训的教学用书，并可供从事天然气集输及处理的工程技术人员参考。

图书在版编目（CIP）数据

天然气集输技术/梁平，王天祥主编．
北京：石油工业出版社，2008.5
普通高等教育"十一五"国家级规划教材
ISBN 978-7-5021-6525-3

Ⅰ．天…
Ⅱ．①梁…②王
Ⅲ．天然气-油气集输-高等学校-教材
Ⅳ．TE86

中国版本图书馆 CIP 数据核字（2008）第 034567 号

出版发行：石油工业出版社
（北京朝阳区安定门外安华里2区1号　100011）
网　　址：www.petropub.com
编辑部：（010）64523612　发行部：（010）64523633
经　销：全国新华书店
印　刷：北京中石油彩色印刷有限责任公司

2008年5月第1版　2018年1月第4次印刷
787毫米×1092毫米　开本：1/16　印张：9.75
字数：248千字

定价：15.00元
（如出现印装质量问题，我社发行部负责调换）
版权所有，翻印必究

前　　言

随着世界经济的迅猛发展，能源需求不断增长。从全球范围看，天然气资源丰富，可采储量迅速增加，近年其年产量增长速度高于石油与煤。预计在 21 世纪，天然气在世界能源消费结构中的比例将跃居首位。21 世纪是"天然气世纪"。

近年来，我国天然气工业取得了很大的发展，已逐步进入了工农业生产和日常生活的方方面面，成为国民经济生活中的重要内容。经过几代人的努力，我国目前已经初步形成了四川、塔里木、鄂尔多斯、柴达木和海洋在内的五大气区基本格局；已建成几条长距离输气管道，西气东输工程把天然气输送到东部 9 个省市；近些年我国海上气田的勘探和开发也有了较大进展；另外还从国外进口液化天然气，都将为我国天然气工业的发展创造有利条件。

天然气必须经过勘探、开发、处理与加工乃至管输等之后方能予以综合利用，而天然气集输技术则是其中承前启后的一个十分重要的环节。天然气集输及处理工程建设的技术水平、工程质量、生产中安全和环境保护措施的有效性，以及建设投资额度、生产运行费用，直接影响到气田开发目标的实现，甚至影响到具体气田开发的可行性。

鉴于目前天然气集输与加工场站的统一趋势，本书涵盖了天然气集输、处理与加工方面的内容，系统介绍了天然气处理要求及相关基本知识，天然气物化性质，水合物的形成与防止，天然气集输系统，天然气集输设备，天然气脱水、脱凝液和脱硫等。

本书与天然气集输领域内的理论著作不同，也与设计手册有别。本书主要面向工程应用，基本不涵盖工艺设计与工艺计算，力求深入浅出地将天然气集输、处理与加工知识按工程应用系统地展开，详细地介绍处理工艺及其运行参数、设备结构及处理过程、故障分析等，并且辅以实例说明。

本书编写分工如下：第一章由张明益、刘武编写，第二章、第三章由梁平编写，第四章、第六章由游赟、张明亮编写，第五章由严宏东、单华编写，第七章由张利亚编写，雷政负责全书的现场运用部分内容的编写。全书由梁平、王天祥任主编，雷政、张明益、刘武任副主编。胡龙滴、陈宏伟、魏世泽参与了部分编写，在此深表感谢。

由于编者水平有限，书中难免存在一些缺点乃至错误，恳望读者批评指正。

编　者
2008 年 1 月

目 录

第一章 概论 ... 1
- 第一节 天然气在国民经济中的重要性 ... 1
- 第二节 天然气的化学组成与分类 ... 2
- 第三节 商品气的质量要求 ... 6

第二章 天然气的基本特性 ... 11
- 第一节 天然气的基本物理性质 ... 11
- 第二节 水合物的形成与防止 ... 15

第三章 天然气矿场集输系统 ... 26
- 第一节 天然气储运系统 ... 26
- 第二节 集输管网 ... 27
- 第三节 气田集输工艺 ... 28

第四章 天然气集输设备 ... 35
- 第一节 分离设备 ... 35
- 第二节 换热设备 ... 43
- 第三节 塔设备 ... 53

第五章 天然气脱水 ... 65
- 第一节 概述 ... 65
- 第二节 吸收法脱水 ... 66
- 第三节 吸附法脱水 ... 75
- 第四节 天然气脱水系统常见故障分析及采取的措施 ... 85

第六章 天然气凝液回收 ... 87
- 第一节 天然气凝液回收的目的 ... 87
- 第二节 天然气凝液回收工艺 ... 89
- 第三节 天然气凝液回收相关问题分析 ... 107

第七章 天然气脱硫、硫黄回收及尾气处理 ... 111
- 第一节 天然气脱硫 ... 111
- 第二节 硫黄的回收 ... 136
- 第三节 硫黄回收装置的尾气处理简介 ... 147

参考文献 ... 151

第一章 概 论

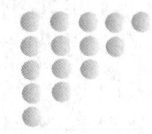

第一节 天然气在国民经济中的重要性

天然气是清洁、高效、方便的能源,它的使用在发展世界经济和提高环境质量中起着重要作用。全球蕴藏有相当丰富的天然气资源,目前世界天然气是仅次于石油和煤炭的世界第三大能源。近年其年产量增长速度高于石油与煤,在能源消费结构中的比例达23.5%。据预测,21世纪天然气在能源消费结构组成中的比例将超过石油,成为世界第一能源。

据世界石油大会有关报告统计,天然气的最大用户是城镇居民、公共建筑和商业部门,约占总用量的41.5%;其次是工业部门,约占37%,主要用作生产化工产品和工业燃料的基本原料;再次是发电厂,约占19%以上;运输部门所占比例不足1%。预计今后50年内,天然气的应用将会显著扩大,天然气转化生产合成氨、甲醇和烯烃、芳烃等技术将会取得新的进展;天然气用作汽车燃料也将使天然气汽车得到进一步的推广。

天然气作为能源利用有以下优越性:

(1) 利用天然气使环境效益优越。能源变迁是从多碳经过低碳走向无碳。在无碳能源尚未大规模工业化之前,与煤和石油相比,天然气作燃料可以明显减少环境污染。天然气的燃烧排放量远低于石油和煤的燃烧排放量,可解决当前城市污染严重的状况,明显改善人类生存环境,对于提高全社会生活质量具有非常重大的现实意义。

(2) 天然气是优质能源。由于天然气组分不含一氧化碳,这就减少了泄漏对人畜生命的危害性。而煤制气含有20%~30%的一氧化碳,如因管道泄漏,会引起人畜中毒甚至死亡。

(3) 天然气是高效能源。天然气在联合循环发电利用中,热能利用率可达55%,高于原油和煤的热能利用率。

(4) 天然气是安全能源。天然气着火温度高,爆炸界限窄,密度较空气小,安全性能好。

(5) 天然气资源丰富。据最新预测,世界常规和非常规天然气资源总量达(1790~5030)×10^{12} m^3。全球丰富的天然气资源完全可以满足人类对能源较长时期的需求。

(6) 勘探开发成本低。与其他能源相比,天然气勘探开发成本相对较低,见效较快。

(7) 使用方便。天然气供居民作燃料具有方便、节省时间和劳力的优越性。

近年来，随着我国东部能源短缺地区（如珠江三角洲和长江三角洲地区）工业化程度的提高，用作燃油和化工原料的石油消费量为（2000～3000）×10⁴t/a，并呈不断增长的趋势。从国家石油安全战略的角度考虑，必须减少对石油资源的依赖，用天然气等清洁能源替代这部分石油资源，这样就可解决石油资源消费快速膨胀的问题。据统计，2005年我国在一级能源消费结构中，天然气仅占2.7%，是世界平均水平的10%左右。21世纪世界能源将进入天然气时代，我国也即将进入天然气快速发展的历史时期。有专家预测，到2020年，天然气在我国一次能源消费中的比例，将达到8%。

据预测，在今后几十年中天然气在发达国家能源需求中的重要作用还会有所增加。天然气作为一种优质清洁燃料，在许多领域将会代替日趋减少的石油。有资料预测，进入21世纪后天然气将逐步取代石油，并在世界能源消费结构中占据主导地位，见图1-1。

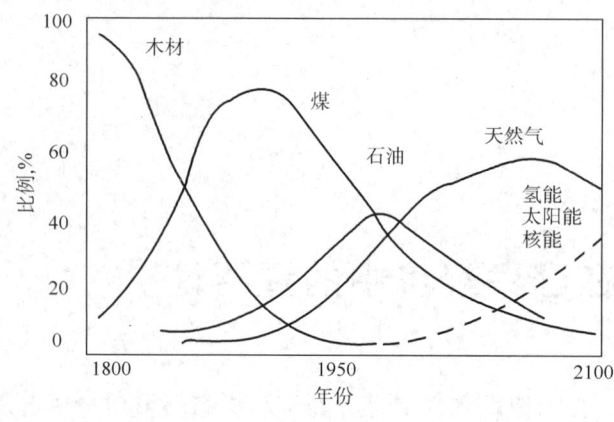

图1-1 世界能源消费结构趋势

第二节 天然气的化学组成与分类

一、组成表示方法

天然气组成有三种表示方法：质量组成、体积组成和摩尔组成。每种组成均可用百分数或小数表示。

（1）质量组成。符号 w_i 表示组分 i 的质量组成，也叫质量分数：

$$w_i = \frac{m_i}{\sum m_i} \tag{1-1}$$

式中 m_i ——组分 i 的质量；

$\sum m_i$ ——总质量。

（2）体积组成。符号 φ_i 表示组分 i 的体积组成，也叫体积分数：

$$\varphi_i = \frac{V_i}{\sum V_i} \tag{1-2}$$

式中 V_i ——组分 i 的体积；

$\sum V_i$ ——总体积。

（3）摩尔组成。符号 y_i 表示组分 i 的摩尔组成，也叫摩尔分数：

$$y_i = \frac{n_i}{\sum n_i} \tag{1-3}$$

式中　n_i——组分 i 的摩尔数；
　　　$\sum n_i$——总摩尔数。

在标准状态（101325Pa，0℃）时，任何 1kmol 的气体体积都是 22.4m³，因此混合气体中任何组分的体积组成在数值上等于其摩尔组成，即：

$$\varphi_i = y_i \tag{1-4}$$

由天然气的质量组成 w_i 换算为体积组成 φ_i 或摩尔组成 y_i：

$$y_i = \frac{w_i/M_i}{\sum(w_i/M_i)} \tag{1-5}$$

式中 M_i 为组分 i 的相对分子质量（旧称分子量）。

由天然气的摩尔组成 y_i（或体积组成 φ_i）换算为质量组成 w_i：

$$w_i = \frac{y_i M_i}{\sum(y_i M_i)} \tag{1-6}$$

由天然气的体积组成 φ_i 换算为质量组成 w_i：

$$w_i = \frac{\varphi_i M_i}{\sum \varphi_i M_i} \tag{1-7}$$

二、天然气的组成

天然气是以烷烃（C_nH_{2n+2}）为主的各种烃类气体所组成的气体混合物。按其化学组成，绝大多数是甲烷（CH_4）、乙烷（C_2H_6）、丙烷（C_3H_8）、丁烷（C_4H_{10}）和少量戊烷（C_5H_{12}）。天然气中也含有其他一些气体，如硫化氢（H_2S）、二氧化碳（CO_2）、氮（N_2）及水汽（H_2O），有时还含有微量的稀有气体，如氦（He）和氩（Ar）等。我国某些油气田天然气的组成见表 1-1 和表 1-2。

表 1-1　我国主要气田和凝析气田的天然气组成❶　　（单位：%）

气田名称	甲烷	乙烷	丙烷	异丁烷	正丁烷	异戊烷	正戊烷	己烷	二氧化碳	氮气	硫化氢
陕甘宁中部气田（奥陶系马五段）	95.6	0.6	0.08	0.02	0.01	0.01	0.03		3.02	0.04	0.0264
海南崖 13-1 气田	83.87	3.83	1.47	0.4	0.38	0.17	0.10	1.11	7.65	1.02	70.7 (mg/m³)
新疆塔里木克拉-2气田	97.93	0.71	0.04	0.02					0.74	0.56	
青海台南气田	99.2		0.02							0.79	
东海平湖凝析气田	77.76	9.74	3.85	1.14	1.19	0.27	0.44	0.34	1.39	1.27	
华北苏桥凝析气田	78.58	8.26	3.13	1.43		0.55		0.39	1.41	0.8	
蜀南气矿庙高寺	96.42	0.73	0.14	0.04						1.93	0.69

❶　本书中未加特别注明的组成、含量等都指体积分数。

续表

气田名称	甲烷	乙烷	丙烷	异丁烷	正丁烷	异戊烷	正戊烷	己烷	二氧化碳	氮气	硫化氢
川中油气矿磨溪	96.48	0.19							0.546	1.02	1.767
川西北气矿中坝1	91	5.8	1.59	0.13	0.35	0.1	0.28		0.47	0.19	
重庆气矿卧龙河1	93.72	0.88	0.21	0.05					0.54	0.49	4.0
川东北气矿宣汉-开江	75.29	0.11	0.06						10.41	0.18	10.49

表1-2　我国主要大油田的伴生气组成　　　　　　　　　　（单位：%）

油田名称	甲烷	乙烷	丙烷	异丁烷	正丁烷	异戊烷	正戊烷	己烷	二氧化碳	氮气	硫化氢
大庆油田萨南	76.66	5.93	6.59	1.02	3.45	1.54		1.21	0.26	2.28	
辽河油田兴隆台	82.7	7.21	4.16	0.74	1.46	0.44	0.37	1.04	0.42	1.47	
中原油田	75.3	10.17	6.18	1.45	2.6	0.98	0.75	0.65	0.34	0.43	0.0003
华北油田任北	59.37	6.48	10.02	9.21		3.81		1.34	4.58	1.79	
胜利油田	87.75	3.78	3.74	0.81	2.31	0.82	0.65	0.06	0.53	0.02	
吐哈油田丘陵	67.61	13.51	10.69	3.06	2.55	0.68	0.56	0.16	0.40	0.65	
大港油田	80.94	10.2	4.84	0.87	1.06	0.34			0.41	0.34	

天然气常见组分的主要物理化学性质如表1-3所示。

三、天然气的分类

依据不同的原则，有3种天然气的分类方式。

1. 按矿藏特点分类

1) 气藏气

产自天然气藏中的天然气称为气藏气。一般气藏气含有90%以上的甲烷，还含有少量乙烷、丙烷、丁烷等烃类气体和二氧化碳、硫化氢、氮气等非烃类气体。这种不与石油共生的纯气藏，又称为非伴生气。

2) 凝析气藏气

除含有大量的甲烷外，还含有乙烷、丙烷、丁烷以及戊烷以上的烃类，即汽油、煤油组分。凝析气藏气和气藏气一样，均称为非伴生气。

3) 油田气

油田气含溶解气和气层气，伴随原油共生，又称伴生气。其特点是乙烷和乙烷以上的烃类含量比气田气高。

2. 按天然气的烃类组成分类

按天然气的烃类组成（即按天然气中凝液含量）的多少来分类，可分为干气、湿气，贫气、富气。

表 1-3 天然气常见组分的主要物理化学性质

项　目	甲烷	乙烷	丙烷	异丁烷	正丁烷	异戊烷	正戊烷	氮	二氧化碳	硫化氢
分子式	CH_4	C_2H_6	C_3H_8	$i-C_4H_{10}$	$n-C_4H_{10}$	$i-C_5H_{12}$	$n-C_5H_{12}$	N_2	CO_2	H_2S
相对分子质量 M	16.043	30.070	44.097	58.124	58.124	72.151	72.151	28.0134	44.0098	34.076
干摩尔体积 V_m, $m^3/kmol$	22.3621	22.1872	21.9362	21.5977	21.5036	20.983	20.891	22.403	22.2601	22.1802
密度 ρ, kg/m^3	0.7174	1.3553	2.0102	2.6912	2.7030	3.4386	3.4537	1.2504	1.9771	1.5363
相对密度 S	0.5548	1.046	1.555	2.081	2.090	2.659	2.671	0.967	1.529	1.188
临界温度 T_c, K	191.05	305.45	368.85	407.15	425.15	460.85	470.35	126.2	304.20	373.54
临界压力 p_c, 10^5Pa	44.91	47.27	42.56	35.40	35.01	32.26	32.36	32.85	71.49	87.15
临界比容 V_c, $m^3/kmol$	0.099	0.143	0.195	0.263	0.258	0.316	0.311	0.090	0.094	0.098
高发热值 H_h, MJ/m^3	39.84	67.34	101.26	133.05	133.89	168.32	169.37			25.34
低发热值 H_l, MJ/m^3	35.90	64.40	93.24	122.85	123.65	155.72	156.73			23.36
爆炸下限 L_l, %	5.0	2.9	2.1	1.8	1.5	1.6	1.4			4.3
爆炸上限 L_h, %	15.0	13.0	9.5	8.5	8.5	8.3	8.3			45.5
比定压热容 C_p, $kJ/(kg\cdot K)$	2.223	1.729	1.863	1.658	1.658	1.654	1.654	1.047	0.845	1.063
比定容热容 C_V, $kJ/(kg\cdot K)$	1.670	1.444	1.649	1.49	1.49	0.616	0.635	0.745	0.653	0.804
动力粘度 η, $10^{-5}Pa\cdot s$	1.027	0.843	0.735	0.676	0.669	0.616	0.180	1.667	1.402	1.167
运动粘度 ν, $10^{-5}m^2/s$	1.416	0.611	0.358	0.246	0.243	0.176	0.180	1.33	0.709	0.763
气体常数 R, $kJ/(kg\cdot K)$	0.5171	0.2759	0.1846	0.1378	0.1372	0.1078	0.1074	0.2967	0.1876	0.2415
偏心因子 ω	0.0104	0.0986	0.1524	0.1848	0.2010	0.2223	0.2559	0.040	0.225	0.100

1) C_5 界定法——干、湿气的划分

据天然气中 C_5 以上烃液含量的多少，用 C_5 界定法划分干气和湿气。

干气：指在 $1m^3$ 井口流出物中，C_5 以上烃液含量低于 $13.5\ cm^3$ 的天然气。

湿气：指在 $1m^3$ 井口流出物中，C_5 以上烃液含量高于 $13.5\ cm^3$ 的天然气。

2) C_3 界定法——贫、富气的划分

据天然气中 C_3 以上烃类液体的含量多少，用 C_3 界定法划分贫气和富气。

贫气：指在 $1m^3$ 井口流出物中，C_3 以上烃类液体含量低于 $94cm^3$ 的天然气。

富气：指在 $1m^3$ 井口流出物中，C_3 以上烃类液体含量高于 $94cm^3$ 的天然气。

3. 按酸气含量分类

按酸气（CO_2 和硫化物）含量多少，天然气可分为酸性天然气和净气。酸性天然气指含有显著量的硫化物和 CO_2 等酸性气体。这类气体必须经处理后才能达到管输标准或商品气气质指标。净气是指含硫化物和 CO_2 甚微或根本不含的气体，它不需净化就可外输和利用。

四、天然气体积的计量条件

我国天然气计量常以体积表示，单位是立方米，即以立方米为计量单位。

天然气的重要特性之一，是它具有压缩性和膨胀性，故天然气随着压力、温度条件的变化而改变体积。为了便于比较和量度气体的体积大小，必须指定一种压力和温度作为标准。在国际物理学界是以压力为 101325Pa、温度为 0℃ 作标准，称为基准状态。但在实际工业生产中，各个国家又根据本国情况各自订立标准。我国指定压力为 101325Pa、温度为 20℃ 作为天然气计量的标准条件，称为标准状态。因此，今后凡提到若干立方米天然气时，均指在 101325Pa、20℃ 情况下天然气所占有的体积。如所述天然气不是处于该标准条件时，应换算为该标准条件下的天然气再进行比较和计算。

第三节　商品气的质量要求

一、商品天然气的质量要求

表 1-1、表 1-2 列举的是从气井井口采出或从矿场分离器分离出的天然气组成。通常，这些天然气中含有不同数量的、在大气条件下处于液相的较重烃类，以及水蒸气、硫化物（如硫化氢）、二氧化碳、氮和氦等非烃类气体，一般不适宜大多数用户直接使用，故有时也称为粗天然气。它们大多需要经处理以脱除不希望有的组分（如硫化氢、水蒸气）后方可作为商品天然气。此外，为了回收与利用天然气中的乙烷、更重烃类以及氦、氢等非烃类气体，需要对天然气进行加工，将这些组分从天然气中分离出来。然后，再将残余气（主要是甲烷）作为商品天然气外输，或送回油气田内部回注，也可将其液化后（液化天然气）外运。

我国国家标准《天然气》（GB 17820—1999）已从 2000 年开始实施。此标准适用于气田、油田采出经预处理后通过管道输送的商品天然气，并按产品类别分别作为民用燃料、工业原料或燃料的天然气。标准中对商品天然气的质量要求见表 1-4。

表 1-4 我国天然气质量要求

项 目	一 类	二 类	三 类
高位发热量，MJ/m³		>31.4	
总硫（以硫计），mg/m³	≤100	≤200	≤460
硫化氢，mg/m³	≤6	≤20	≤460
二氧化碳，%	≤3.0		—
水露点，℃	在天然气交接点的压力和温度条件下，天然气的水露点应比最低环境温度低5℃		

注：1. 本标准中气体体积的标准参比条件是 101.325kPa，20℃；
2. 在天然气交接点的压力和温度条件下，天然气中应不存在液态烃；
3. 天然气中固体颗粒含量应不影响天然气的输送和利用。

表 1-4 中所列的一类、二类气体主要用作民用燃料，三类气体主要用作工业原料或燃料。

如果只是为了符合管道输送的要求，则经过处理后的天然气称之为管输天然气，简称管输气。我国对管输天然气的质量要求是：

——进入输气管道的气体必须清除其中的机械杂质。
——水露点应比输气管道中气体可能达到的最低环境温度（即最低管输气体温度）低5℃。
——烃露点应低于或等于输气管道中气体可能达到的最低环境温度。
——气体中硫化氢含量不大于 20 mg/m³。
——如输送不符合上述质量要求的气体，必须采取相应的保护措施。

二、天然气加工主要产品及其质量要求

天然气加工产品主要有液化天然气、天然气凝液、液化石油气、天然汽油、压缩天然气等。典型的天然气及其加工产品的组成见表 1-5。

表 1-5 典型的天然气及其产品组成

名称\组成	He等	N_2	CO_2	H_2S	C_1	C_2	C_3	iC_4	nC_4	iC_5	nC_5	C_6	C_7^+
天然气	▲	▲	▲	▲	▲	▲	▲	▲	▲	▲	▲	▲	▲
惰性气体	▲	▲											
酸性气体			▲	▲									
液化天然气		▲			▲	▲	▲	▲	▲				
天然气凝液							▲	▲	▲	▲	▲	▲	▲
液化石油气							▲	▲	▲				
天然汽油										▲	▲	▲	▲
稳定凝析油									▲	▲	▲	▲	▲

1. 液化天然气

液化天然气（LNG，Liquefied Natural Gas 的缩略）是由天然气液化制取的、以甲烷为主的液烃混合物。其组成约为：C_1，80%～95%；C_2，3%～10%；C_3，0～5%；C_4，0～3%；C_5^+，微量。一般是在常压下将天然气冷冻到约−162℃使其变为液体。由于液化天然气的体积为其气体体积（101.325kPa，20℃）的 1/625，故有利于输送和储存。随着液化天

然气运输船及储罐制造技术的进步,将天然气液化几乎是目前跨越海洋运输天然气的主要方法。LNG不仅可作为石油产品的清洁替代燃料,也可用来生产甲醇、氨及其他化工产品。此外,在一些国家和地区LNG还用于民用燃气的调峰。LNG再汽化时的蒸发潜热(−161.5℃时约为511kJ/kg)还可供制冷、冷藏等行业用。表1-6为LNG的主要物理性质。

表1-6 LNG的主要物理性质

气体相对密度 (空气=1)	沸点(常压下) ℃	液体密度(沸点下) g/L	高热值 MJ/m³[①]	颜色
0.60~0.70	约−162	430~460	41.5~45.3	无色透明

①指101.325kPa、15.6℃状态下的气体体积。

2. 天然气凝液

天然气凝液(NGL,Natural Gas Liquids的缩略)也称为天然气液或天然气液体,我国习惯称为轻烃,是指从天然气中回收到的液烃混合物,包括乙烷、丙烷、丁烷及戊烷以上烃类等。有时广义地说,从气井井场及天然气加工厂得到的凝析油均属于天然气凝液。天然气凝液可直接作为产品,也可进一步分离出乙烷、丙烷、丁烷或丙、丁烷混合物(LPG)和天然汽油等。天然气凝液及由其得到的乙烷、丙烷、丁烷等烃类是制取乙烯的主要原料。此外,丙烷、丁烷或丙、丁烷混合物不仅是热值很高(约83.7~125.6MJ/m³)、输送及存储方便、硫含量低的民用燃料,还是汽车的清洁替代燃料。

3. 液化石油气

液化石油气(LPG,Liquefied Petroleum Gas的缩略)也称为液化气,是指主要由C_3和C_4烃类组成并在常温和压力下处于液态的石油产品。液化石油气按其来源分为炼厂液化石油气和油气田液化石油气两种。炼厂液化石油气是由炼油厂的二次加工过程所得,主要由丙烷、丙烯、丁烷和丁烯等组成。油气田液化石油气则是由天然气加工过程所得到的,通常又可分为商品丙烷、商品丁烷和商品丙、丁烷混合物等。商品丙烷主要由丙烷和少量丁烷及微量乙烷组成,适用于要求高挥发性产品的场合。商品丁烷主要由丁烷和少量丙烷及微量戊烷组成,适用于要求低挥发性产品的场合。商品丙、丁烷主要由丙烷、丁烷和少量乙烷、戊烷组成,适用于要求中挥发性产品的场合。油气田液化石油气不含烯烃。我国油气田液化石油气质量要求见表1-7。

表1-7 我国油气田液化石油气质量要求(GB 9052.1—1998)

项 目		质量指标			试验方法
		商品丙烷	商品丁烷	商品丙、丁烷混合物	
37.8℃时的蒸气压(表压),kPa	不大于	1430	485	1430	GB/T 6602[①]
组分,%					SH/T 0230
丁烷及以上组分	不大于	2.5	—	—	
戊烷及以上组分	不大于	—	2.0	3.0	
残留物					SY/T 7509
100mL蒸发残留物,mL	不大于	0.05	0.05	0.05	
油渍观察		通过	通过	通过	

续表

项　目		质量指标			试验方法
		商品丙烷	商品丁烷	商品丙、丁烷混合物	
密度（20℃或15℃），kg/m³		实测	实测	实测	SH/T 0221[②]
铜片腐蚀，级	不大于	1	1	1	SH/T 0232
总硫含量，mg/kg	不大于	185	140	140	SY/T 7508
游离水		—	无	无	目测

①蒸气压也允许用 GB/T 12576 方法计算，但在仲裁时必须用 GB/T 6602 方法测定；
②密度也允许用 GB/T 12576 方法计算，但在仲裁时必须用 SH/T 0221 方法测定。

4. 天然汽油

天然汽油也称为气体汽油或凝析汽油，是指天然气凝液经过稳定后得到的、以戊烷及更重烃类为主的液态石油产品。我国习惯上称其为稳定轻烃，国外也将其称为稳定凝析油。我国将天然汽油按其蒸气压分为两种牌号，其代号为 1 号和 2 号。1 号产品可作为石油化工原料；2 号产品除作为石油化工原料外，也可用作车用汽油调和原料。它们的质量要求见表 1-8。

表 1-8　我国稳定轻烃质量要求（GB 9053—1998）

项　目		质　量　指　标		实验方法
		1 号	2 号	
饱和蒸气压，kPa		74～200	夏<74，冬[①]<88	GB/T 8017—1987
馏程 　10%蒸发温度，℃ 　90%蒸发温度，℃ 　终馏点，℃ 　60℃蒸发率，%	 不低于 不高于 不高于 	 — 135 190 实测	 35 150 190 —	GB/T 6536—1997
硫含量（质量分数），%	不大于	0.05	0.10	SH/T 0253—1992
机械杂质及水分		无	无	目测[②]
铜片腐蚀，级	不大于	1	1	GB/T 5096—1985（1991）
颜色，赛波特色号	不小于	+25	—	GB/T 3555—1992

①冬季指在 9 月 1 日至次年 2 月 29 日间；
②将油样注入 100mL 的玻璃量筒中观察，应当透明，没有悬浮、沉淀的机械杂质和游离水。

至于其他如商品乙烷等，我国目前尚无上述由国家或行业在相应标准中提出的质量要求。

5. 压缩天然气

压缩天然气（CNG，Compressed Natural Gas 的缩略）是经过压缩的高压商品天然气，其主要成分是甲烷。由于它不仅抗爆性能（甲烷的研究法辛烷值约为 108）和燃烧性能好，燃烧产物中的温室气体及其他有害物质含量很少，而且生产成本较低，因而是一种很有发展前途的汽车优质替代燃料。目前，大多灌装在 20～30MPa 的气瓶中供汽车使用，称为汽车用压缩天然气。

我国发布的《车用压缩天然气》（GB 18047—2000）已从 2000 年开始实施，标准中对汽车用压缩天然气的质量要求见表 1-9。

表 1-9 我国汽车用压缩天然气和技术指标（GB 18047—2000）

项 目	技 术 指 标
高位发热量，MJ/m^3	≥31.4
总硫含量（以硫计），mg/m^3	≤200
硫化氢含量，mg/m^3	≤15
二氧化碳含量，%	≤3.0
氧气含量，%	≤0.5
水露点，℃	在汽车驾驶的特定地理区域内，在最高操作压力下，水露点不应高于 −13℃；当最低气温低于−8℃，水露点应比最低气温低5℃

注：本标准中气体体积的标准参比条件是 101.325 kPa，20℃。

第二章 天然气的基本特性

第一节 天然气的基本物理性质

一、天然气的视相对分子质量

天然气是多种气体组成的混合气体，本身没有分子式，不能像纯气体一样，可以从分子式算出一个恒定的相对分子质量。但是，工程上为了计算方便，把0℃、101325Pa时体积为22.4dm³ 天然气所具有的质量认为是天然气的相对分子质量。换言之，天然气的相对分子质量，在数值上等于在基准状态下1摩尔天然气的质量。

天然气的相对分子质量是一种人们假想的相对分子质量，因此，也称为"视相对分子质量"。同时，由于天然气的相对分子质量随组成的不同而变化，没有一个恒定的数值，因此，又称为"平均相对分子质量"，通常简称为天然气的相对分子质量，实际上指的就是"视相对分子质量"或"平均相对分子质量"。其计算方法为：

$$M = \sum y_i M_i \tag{2-1}$$

式中 M——天然气的相对分子质量；
y_i——组分 i 的摩尔分数；
M_i——组分 i 的相对分子质量。

二、天然气的密度和相对密度

1. 天然气的密度

天然气的密度定义为单位体积天然气的质量，用符号 ρ 表示：

$$\rho = \frac{m}{V} \tag{2-2}$$

式中 m——天然气的质量，kg；
V——天然气的体积，m³。

显然，天然气密度不仅取决于天然气的组成，还取决于其所处的压力和温度状态。天然气在某压力、温度下的密度为：

$$\rho = \frac{pM}{8.314ZT} \tag{2-3}$$

式中　ρ——气体在任意压力、温度下的密度，kg/m^3；

　　　p——天然气的压力（绝），kPa；

　　　M——天然气的相对分子质量；

　　　Z——天然气压缩因子；

　　　T——天然气绝对温度，K。

2. 相对密度

天然气相对密度是在相同压力和温度下天然气的密度与空气密度之比，即 $\rho_\text{天}/\rho_\text{空}$，这是一个无量纲的量。

天然气的相对密度用符号 S 表示，则有：

$$S = \frac{\rho_\text{天}}{\rho_\text{空}} = \frac{M_\text{天}}{M_\text{空}} \tag{2-4}$$

式中，$\rho_\text{天}$、$M_\text{天}$ 分别为天然气的密度和相对分子质量；$\rho_\text{空}$、$M_\text{空}$ 分别为空气的密度和相对分子质量。$\rho_\text{空} = 1.293 kg/m^3$（在 0℃、101325Pa 下）；$\rho_\text{空} = 1.205 kg/m^3$（在 20℃、101325Pa 下）。

由式（2-4）可求得天然气的相对密度。该式也常用在已知天然气的相对密度时，求天然气的相对分子质量或密度等。

气藏气的相对密度一般在 0.58~0.62 之间，凝析气藏及油田气的相对密度在 0.7~0.85 之间，个别含重烃多的油田气也有大于 1 的。

三、天然气的拟临界参数及拟对比参数

1. 拟临界参数

天然气的临界参数也随组成而变化，没有一恒定的数值，一般要通过实验的方法才能较准确地测定。工程上广泛采用拟临界压力和拟临界温度的概念来代表天然气临界参数，并分别用符号 p_pc 和 T_pc 表示。应该强调，拟临界参数并不等于其真实的临界参数。拟临界参数可用下面几种方法计算。

（1）已知天然气的体积组成，由下式计算：

$$p_\text{pc} = \sum y_i p_{ci} \tag{2-5}$$

$$T_\text{pc} = \sum y_i T_{ci} \tag{2-6}$$

式中　p_pc——天然气的拟临界压力，MPa；

　　　T_pc——天然气的拟临界温度，K；

　　　y_i——天然气中组分 i 的体积组成；

　　　p_{ci}，T_{ci}——天然气中组分 i 的临界压力（MPa）、临界温度（K），可由表 1-3 查得。

(2) 已知天然气的相对密度 S，可选用如下公式计算。

①对于凝析气藏气：

$$S \geqslant 0.7 \begin{cases} p_{pc}=5.102-0.689S \\ T_{pc}=132.2+116.7S \end{cases}$$

$$S<0.7 \begin{cases} p_{pc}=4.778-0.248S \\ T_{pc}=106.1+152.21S \end{cases} \qquad (2-7)$$

②对于干气：

$$S \geqslant 0.7 \begin{cases} p_{pc}=4.881-0.3861S \\ T_{pc}=92.2+176.6S \end{cases}$$

$$S<0.7 \begin{cases} p_{pc}=4.778-0.248S \\ T_{pc}=92.2+176.6S \end{cases} \qquad (2-8)$$

③H_2S 含量小于 3%、N_2 含量小于 5% 或非烃气体总含量不超过 7% 时，对于凝析气藏气：

$$\begin{cases} p_{pc}=4.868-0.356S-0.077S^2 \\ T_{pc}=103.9+183.3S-39.7S^2 \end{cases} \qquad (2-9)$$

2. 拟对比参数

天然气的压力、温度、密度与其拟临界压力、拟临界温度和拟临界密度之比分别称为天然气拟对比压力、拟对比温度、拟对比密度：

$$p_{pr}=\frac{p}{p_{pc}} \qquad (2-10)$$

$$T_{pr}=\frac{T}{T_{pc}} \qquad (2-11)$$

$$\rho_{pr}=\frac{\rho}{\rho_{pc}} \qquad (2-12)$$

式中，p_{pr}、T_{pr}、ρ_{pr} 分别为天然气拟对比压力、拟对比温度及拟对比密度。

四、天然气的压缩因子

理想气体指一种流体，相对于总的体积，其分子体积可以忽略不计，分子之间及分子与容器壁之间没有吸引力与排斥力，分子完全是弹性碰撞，即碰撞中没有内能损失。所有低压的大部分气体的行为与理想气体相似，在正常配气压力下天然气也密切遵循理想气体定律。

但是，当气体压力上升，尤其当气体接近临界温度时，其真实体积和理想体积之间就产生很大的偏离，文献中称之为偏离因子或压缩因子，符号 Z。换言之，某压力 p 和温度 T 时 n 摩尔气体的实际体积除以在相同压力 p 和温度 T 时 n 摩尔气体的理想（计算）体积之商，即为该气体的压缩因子。

压缩因子主要有以下两种计算方法：计算法、查图法。

1. 计算法

计算法是根据经验公式来计算天然气的压缩因子。
对于干燥天然气：

$$Z = \frac{100}{100 + 1.69 p_{平均}^{1.5}} \quad (2-13)$$

对于脱去轻油的石油伴生气：

$$Z = \frac{100}{100 + 2.843 p_{平均}^{1.5}} \quad (2-14)$$

式中　$p_{平均}$——输气管平均压力，MPa。

2. 查图法

根据研究，天然气的压缩因子和拟对比压力、拟对比温度有一定的函数关系，即：

$$Z = \varphi(p_{pr}, T_{pr}) \quad (2-15)$$

知道了天然气的拟对比压力和拟对比温度后，可从天然气的压缩因子图版（图2-1）查出压缩因子 Z。如果 T_{pr} 的数据不等于图上等温线上标准的数值，可借助内插法。此法只适用于不含酸性气体（H_2S 及 CO_2）的天然气。

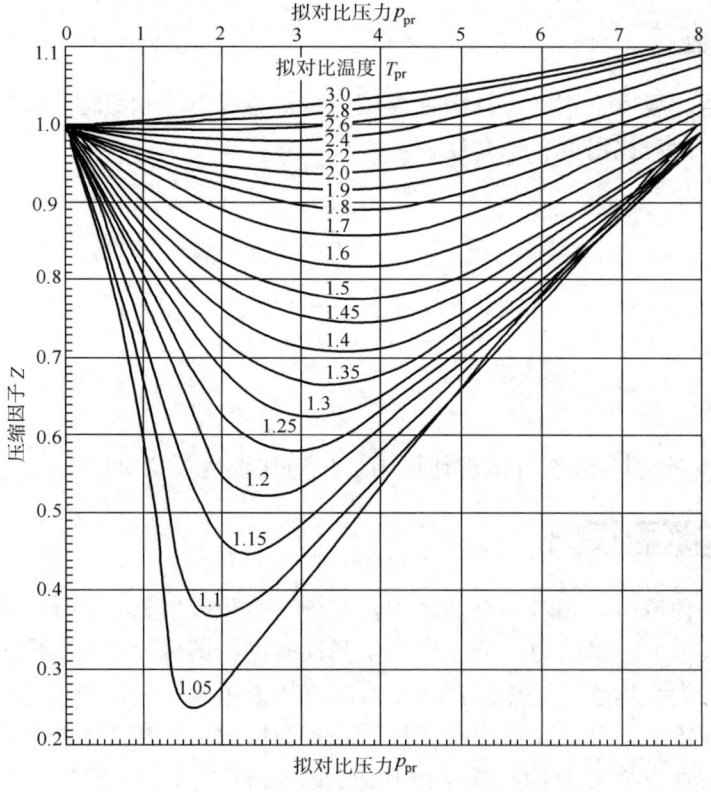

图 2-1　天然气压缩因子图版

图 2-2 是计算天然气压缩因子的专用图版，它根据气体的压力、相对密度和温度三者查出 Z 值。

五、气体状态方程

1. 理想气体的状态方程

理想气体是一种假想气体，其压力 p、体积 V 和温度 T 之间的关系可用以下状态方程来表示：

$$pV = nRT \qquad (2-16)$$

式中　p——气体的绝对压力；
　　　V——气体的体积；
　　　T——气体的温度；
　　　n——气体的摩尔数；
　　　R——通用气体常数。

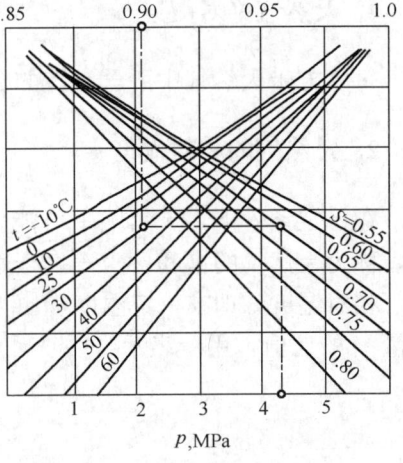

图 2-2　天然气压缩因子图版

实际上没有一种气体完全符合理想气体状态方程。但在压力足够低、温度足够高，即密度足够小时，可认为该气体接近理想气体。

2. 真实气体状态方程

真实气体是实实在在的气体，它是为了区别于理想气体而引入的。真实气体占有一定空间，分子之间存在作用力，因此真实气体性质与理想气体性质就有偏离。在温度比临界温度高得多、压力很小时，偏离不太显著；反之偏离就很显著。

真实气体的状态方程为：

$$pV = ZnRT \qquad (2-17)$$

式中 Z 为气体的压缩因子，其余符号同前。

当已知气体初始状态的各参数时，可用真实气体状态方程求出气体状态变化的某一参数：

$$\frac{p_1 V_1}{Z_1 T_1} = \frac{p_2 V_2}{Z_2 T_2} \qquad (2-18)$$

式中　p_1、p_2——初始和变化后的绝对压力；
　　　T_1、T_2——初始和变化后的温度；
　　　V_1、V_2——初始和变化后的体积；
　　　Z_1、Z_2——初始和变化后的压缩因子。

第二节　水合物的形成与防止

一、天然气的水汽含量

天然气在地层温度和压力条件下含有饱和水汽。天然气的水汽含量取决于天然气的温度、压力和气体的组成等条件。天然气含水汽量，通常用绝对湿度、相对湿度、水露点三种方法表示。

1. 天然气绝对湿度

每立方米天然气中所含水汽的克数,称为天然气的绝对湿度,用 e 表示。

2. 天然气的相对湿度

在一定条件下,天然气中可能含有的最大水汽量,即天然气与液态水平衡时的含水汽量,称为天然气的饱和含水汽量,用 e_s 表示。

相对湿度,即在一定温度和压力条件下,天然气水汽含量 e 与其在该条件下的饱和水汽含量 e_s 的比值,用 φ 表示:

$$\varphi = e/e_s \tag{2-19}$$

3. 天然气的水露点

天然气在一定压力条件下与 e_s 相对应的温度值称为天然气的水露点,简称露点。可通过天然气的露点曲线图查得,如图 2-3 所示。图中,气体水合物生成线(虚线)以下是水合物形成区,表示气体与水合物的相平衡关系。该图是在天然气相对密度为 0.6,与纯水接触条件下绘制的。若天然气的相对密度不等于 0.6 和(或)接触水为盐水时,应乘以图中修正系数。非酸性天然气饱和水含量按下式计算:

$$W = 0.983 W_0 C_{RD} C_S \tag{2-20}$$

式中 W——非酸性天然气饱和水含量,mg/m^3;

W_0——由图 2-3 查得的含水量,mg/m^3;

C_{RD}——相对密度校正系数,由图 2-3 查得;

C_S——含盐量校正系数,由图 2-3 查得。

对于酸性天然气,当系统压力低于 2100kPa(绝)时,可不对 H_2S 和(或)CO_2 含量进行修正。当系统压力高于 2100kPa(绝)时,则应进行修正。酸性天然气饱和水含量按下式计算:

$$W = 0.983 (y_{HC} W_{HC} + y_{CO_2} W_{CO_2} + y_{H_2S} W_{H_2S}) \tag{2-21}$$

式中 W——酸性天然气饱和水含量,mg/m^3;

y_{CO_2}、y_{H_2S}——气体中 CO_2,H_2S 的摩尔含量;

y_{HC}——气体中除 CO_2、H_2S 以外的其他组分的摩尔含量;

W_{HC}——非酸性天然气饱和水含量,mg/m^3;

W_{CO_2}——CO_2 气体含水量,由图 2-4 查得;

W_{H_2S}——H_2S 气体含水量,由图 2-5 查得。

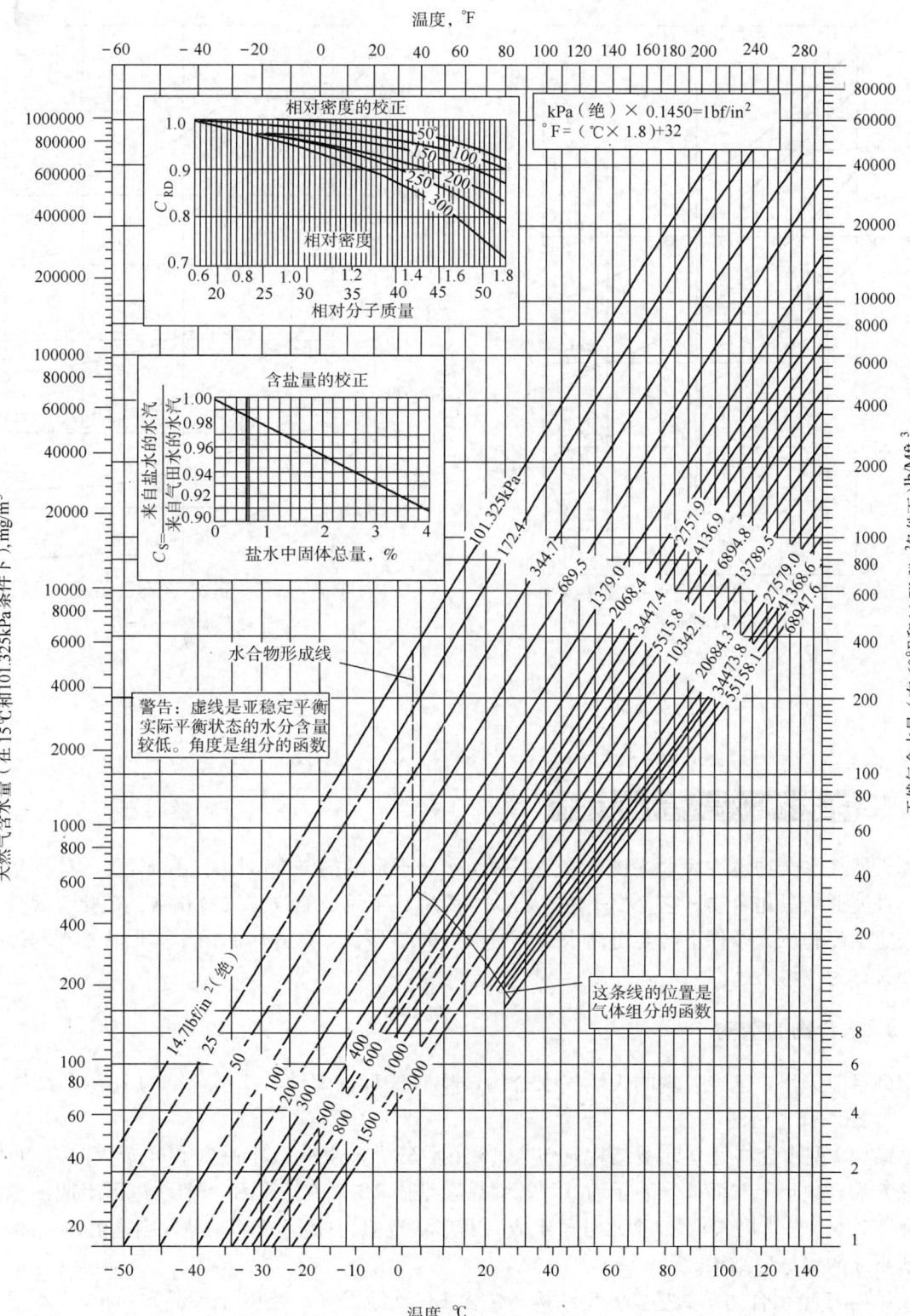

图 2-3 天然气的露点

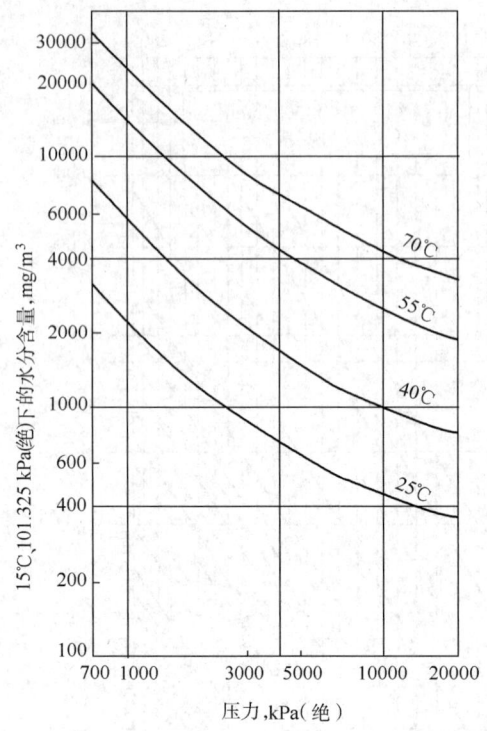
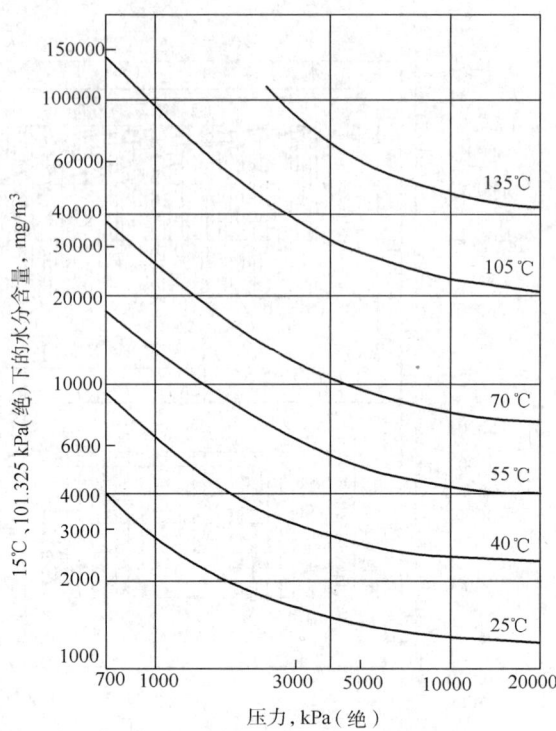

图 2-4 CO_2 的水含量　　　　　　　　图 2-5 H_2S 的水含量

二、水合物的结构与形成条件

天然气水合物也称为水化物，它是一种由水分子形成的空穴吸附小分子烃类气体而形成的一种笼形结晶化合物。它是由甲烷、乙烷、丙烷、丁烷及氮气、二氧化碳、硫化氢等分子在一定温度和压力条件下，与游离水结合所形成的结晶状笼形固体。由于其形状外观与冰类似，又称为"可燃冰"。

1. 水合物的结构

到目前为止，已经发现的天然气水合物结构有三种，即结构Ⅰ型、结构Ⅱ型和结构 H 型，如图 2-6 所示。

结构Ⅰ型水合物是立方型结构，包含 46 个水分子，由 2 个小晶穴和 6 个大晶穴组成。小晶穴为五边形十二面体（表示为 5^{12}），大晶穴是由 12 个五边形和 2 个六边形组成的十四面体（$5^{12}6^2$）。5^{12} 晶穴由 20 个水分子组成，其形状近似为球形，$5^{12}6^2$ 晶穴则是由 24 个水分子所组成的扁球形结构。

结构Ⅱ型水合物单晶是立方型结构，包含 136 个水分子，由 8 个大晶穴和 16 个小晶穴组成。小晶穴也是 5^{12} 晶穴，但直径上略小于结构Ⅰ的 5^{12} 晶穴；大晶穴是包含 28 个水分子的立方对称的准球十六面体（$5^{12}6^4$），由 12 个五边形和 4 个六边形所组成。

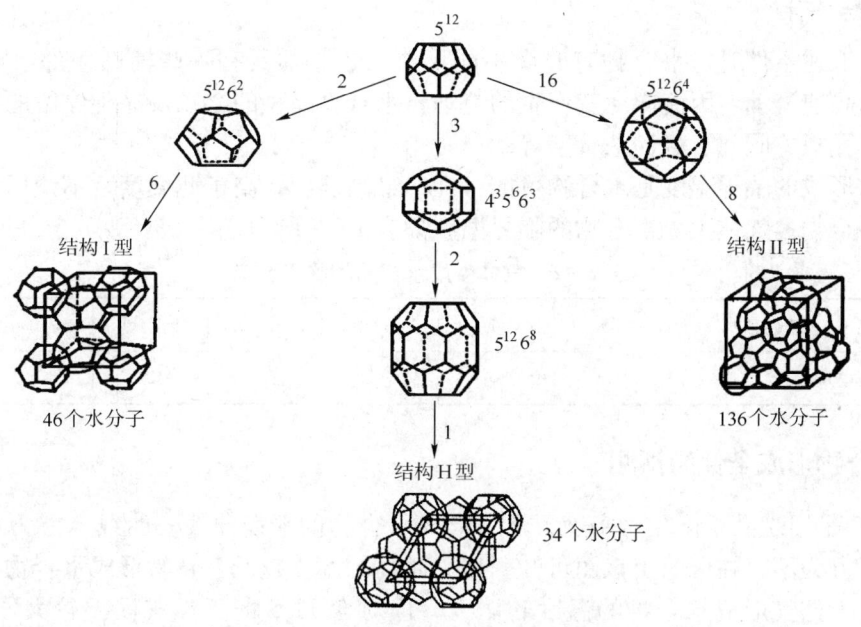

图 2-6 三种类型水合物晶笼示意图

表 2-1 三种类型水合物单元晶体结构尺寸

晶 体 类 型	单元形体尺寸 nm	水分子数目	晶穴种类	晶穴数目	晶穴结构	穴心与氧原子间距（平均），nm
I型结构单元晶体	立方形晶体边长 1.201	46个	小晶穴	2个	5^{12}	3.91
			大晶穴	6个	$5^{12}6^2$	4.33
II型结构单元晶体	立方形晶体边长 1.73	136个	小晶穴	16个	5^{12}	3.90
			大晶穴	8个	$5^{12}6^4$	4.68
H型结构单元晶体	六边形晶体边长 1.226	34个	小晶穴	3个	5^{12}	3.91
			中晶穴	2个	$4^35^66^3$	4.06
			大晶穴	1个	$5^{12}6^8$	5.17

结构 H 型水合物单晶是简单六方结构，包含 34 个水分子。单晶中有 3 种不同的晶穴：3 个 5^{12} 晶穴、2 个 $4^35^66^3$ 晶穴和 1 个 $5^{12}6^8$ 晶穴。$4^35^66^3$ 晶穴是由 20 个水分子组成的扁球形的十二面体，$5^{12}6^8$ 晶穴则是由 36 个水分子组成的椭球形的二十面体。

2. 水合物的形成条件

1）必要条件

天然气水合物形成的必要条件是：

——气体处于水汽的饱和或过饱和状态并存在游离水；
——有足够高的压力和足够低的温度。

2) 辅助条件

在具备上述条件时,水合物有时尚不能形成,还必须具有一些辅助条件,如压力的脉动,气体的高速流动,因流向突变产生的搅动,水合物晶种的存在及晶种停留的特定物理位置如弯头、孔板、阀门、粗糙的管壁等。

水合物形成的临界温度是水合物可能存在的最高温度,高于此温度,不论压力多高,也不会形成水合物。气体生成水合物的临界温度如表2-2所示。

表2-2 气体生成水合物的临界温度

名 称	CH_4	C_2H_6	C_3H_8	$i-C_4H_{10}$	$n-C_4H_{10}$	CO_2	H_2S
形成水合物的临界温度,℃	21.5	14.5	5.5	2.5	1.0	10.0	29.0

3. 水合物形成条件的预测

图2-7是甲烷及不同相对密度天然气形成水合物的平衡曲线。曲线上方为水合物形成区,曲线下方为不存在区。由该图可知,压力越高、温度越低,越易形成水合物。根据该图可大致确定天然气形成水合物的温度和压力。但对含H_2S的天然气误差较大,不宜使用。若相对密度在两条曲线之间,可采用内插法进行近似计算。同时运用该图也可知天然气在一定压力条件下形成水合物的最高温度,或在一定温度条件下形成水合物的最低压力。

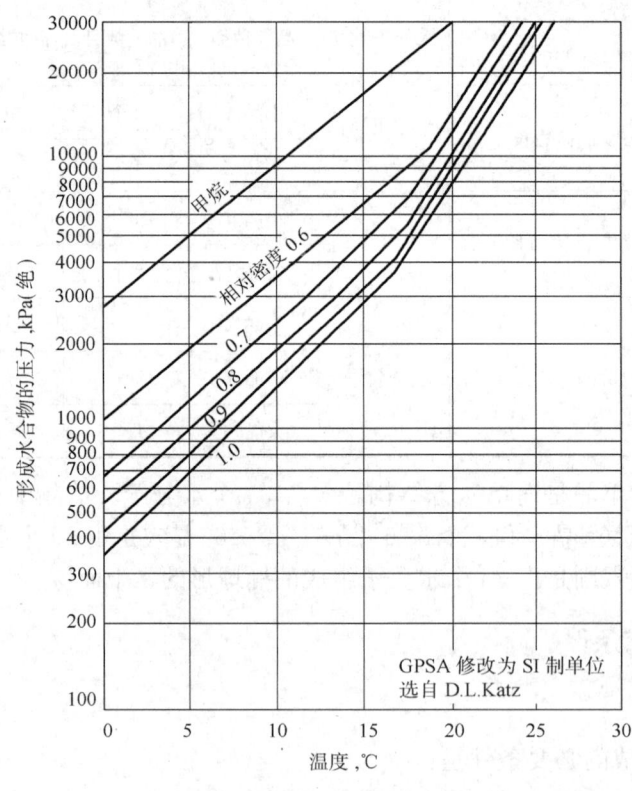

图2-7 预测形成水合物的压力—温度曲线

例：某天然气的相对密度为 0.67，求温度为 10℃时形成水合物的最低压力。

从图 2-7 查得天然气在 10℃时形成水合物的压力为：

相对密度为 0.6 时，$p=3350\text{kPa}$（绝）；

相对密度为 0.7 时，$p=2320\text{kPa}$（绝）。

用线性内插法求算天然气相对密度为 0.67 时形成水合物的压力：

$$p=3350-\left[(3350-2320)\times\frac{0.67-0.6}{0.7-0.6}\right]$$

$$=2629\ (\text{kPa})\ (\text{绝})$$

三、水合物的防止

水合物是晶状固体物质，天然气中一旦形成水合物，极易在阀门、分离器入口、管线弯头及三通等处形成堵塞，严重时影响天然气的收集和输送，因此必须采取措施防止其生成。

天然气生产过程中，通常采用节流阀或膨胀机来降低天然气的压力而导致天然气温度的下降，因此可能会导致水合物的形成。利用图 2-8 可以预测降压后的温度降，再根据图 2-7 判断降压前后是否会形成水合物。如果有可能会形成水合物，在天然气集输系统中可采用加热、脱水（此法将在第五章介绍）或注抑制剂的方法来防止水合物的生成。

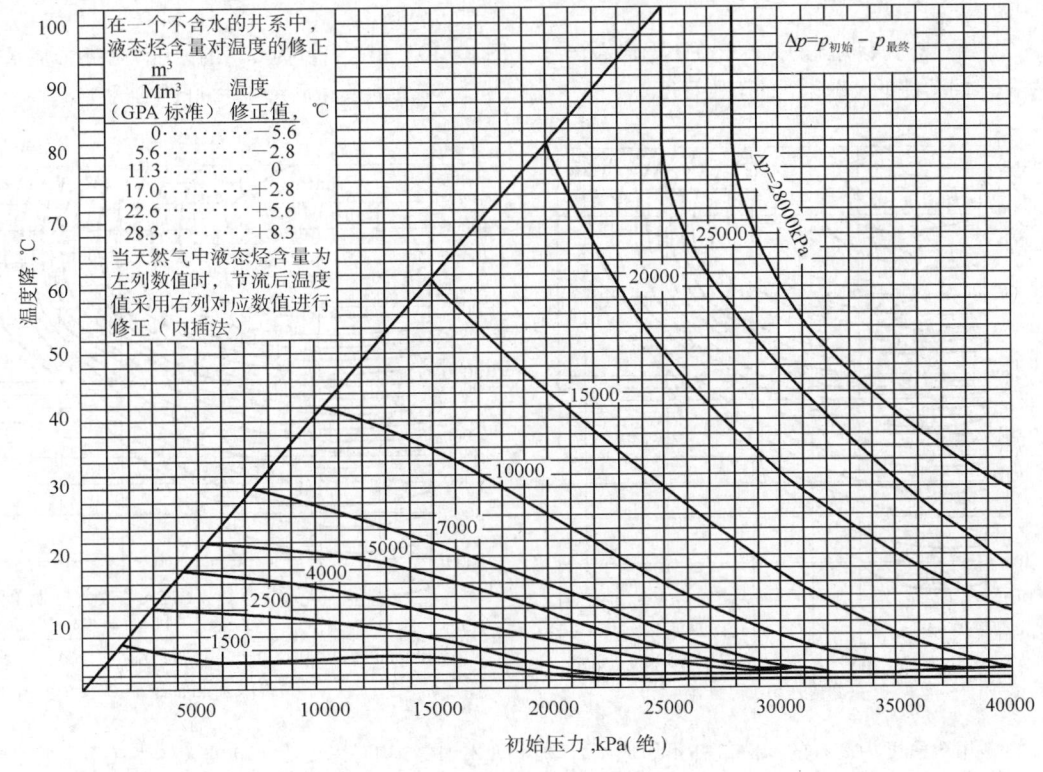

图 2-8 给定压力降所引起的温度降

1. 加热法

加热提高天然气流动温度是防止生成水合物和排除已生成水合物的方法之一，也就是在保持压力不变的条件下使天然气的温度高于形成水合物的温度。利用图 2-9 至图 2-12 可以得出已知节流前后的压力保证不形成水合物的最低初始温度，四图还可用于确定不形成水合物的条件下允许气体的最大膨胀程度。

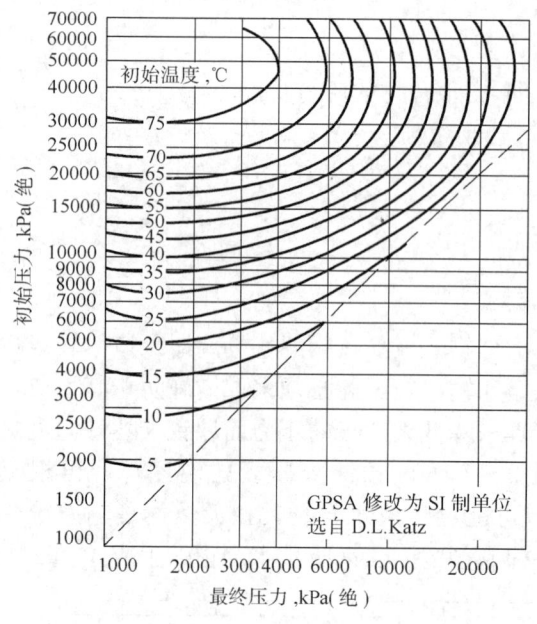

图2-9　相对密度为0.6的天然气在不形成水合物的条件下允许达到的膨胀程度

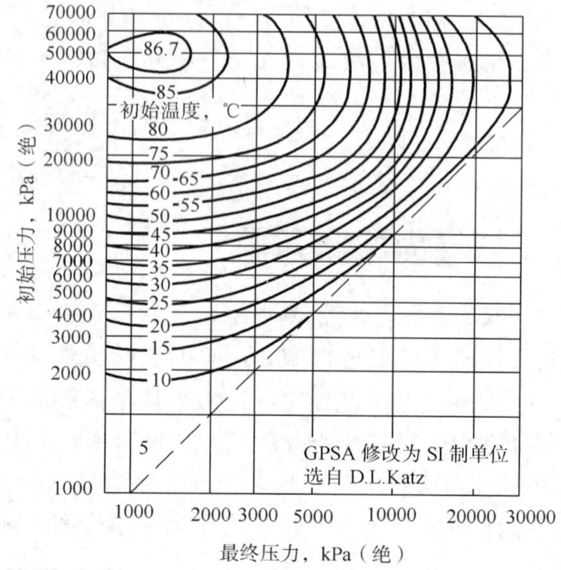

图2-10　相对密度为0.7的天然气在不形成水合物的条件下允许达到的膨胀程度

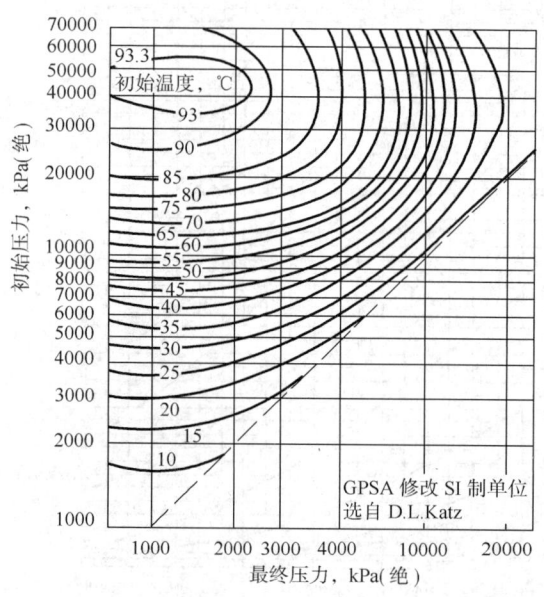

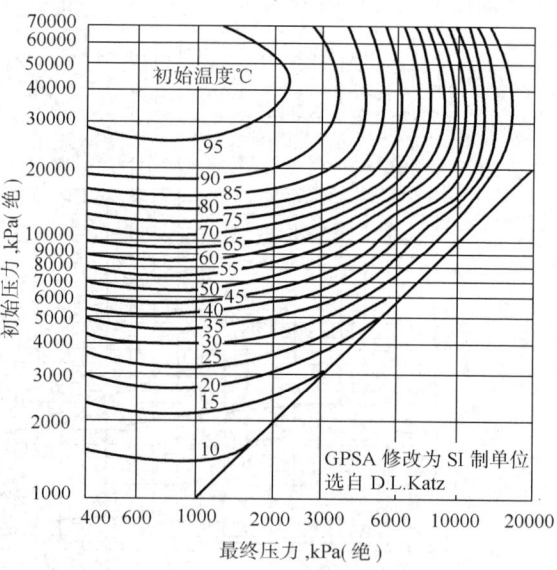

图2-11　相对密度为0.8的天然气在不形成水合物的条件下允许达到的膨胀程度

图2-12　相对密度为0.9的天然气在不形成水合物的条件下允许达到的膨胀程度

2. 注化学抑制剂法

目前广泛采用的化学抑制剂为热力学抑制剂。通过将此抑制剂喷注到气流中以吸收天然气中的水分，使露点下降，从而降低水合物的形成温度。常见的热力学抑制剂有电解质水溶液（如 NaCl、CaCl$_2$ 等无机盐的水溶液）及甲醇、甘醇类有机化合物。以下仅讨论目前普遍采用的甲醇、乙二醇及二甘醇等有机化合物抑制剂。相关工艺流程图将在第三章介绍。

1) 热力学抑制剂的种类、特性及使用条件

普遍采用的抑制剂理化性质见表2-3。甲醇可用于任何操作温度下的天然气管道和设备，但由于其沸点低，操作温度较高时，气相损失过大，故与液烃分离困难。操作温度高于－7℃时，可优先考虑二甘醇，它与乙二醇相比，气相损失少。如按水溶液中相同质量浓度抑制剂引起的水合物形成温度降来比较，甲醇的抑制效果最好，其次为乙二醇，再次为二甘醇，见表2-4。

表2-3 常用抑制剂物理化学性质

性质 \ 名称	甲 醇	乙 二 醇	二 甘 醇
分子式	CH$_3$OH	C$_2$H$_6$O$_2$	C$_4$H$_{10}$O$_3$
相对分子质量	32.04	62.1	106.1
沸点（760mmHg），℃	64.7	197.3	244.8
蒸气压（20℃），mmHg	92	—	—
（25℃），mmHg	—	0.12	0.01
密度（20℃），g/cm^3	0.7928	—	—
（25℃），g/cm^3	—	1.110	1.113
冰点，℃	－97.3	－13	－8
粘度（20℃），Pa·s	0.5945×10^{-3}	—	—
（25℃），Pa·s	—	16.5×10^{-3}	28.2×10^{-3}
表面张力（15℃），10^{-3}N/m	22.99	—	—
（25℃），10^{-3}N/m	—	47	44
折光指数（20℃）	1.329	—	—
（25℃）	—	1.430	1.446
比热容（20℃），J/(g·℃)	2.512	—	—
（25℃），J/(g·℃)	—	2.428	2.303
闪点（开杯法），℃	15.6	116	138
汽化热，J/g	1101.1	845.7	540.1
与水溶解（20℃）	完全互溶	完全互溶	完全互溶
性状	无色易挥发，易燃液体，有中等毒性	无色无臭无毒，有甜味液体	无色无臭无毒，有甜味，粘稠液体

表2-4 甲醇和乙二醇对水合物形成温度降的影响[①]

质量分数，%		5	10	15	20	25	30	35
温度降 ℃	甲醇	2.1	4.5	7.2	10.1	13.5	17.4	21.8
	乙二醇	1.0	2.2	3.5	4.9	6.6	8.5	10.6

① 由哈默斯米特公式计算求得。

(1) 甲醇。

通常，甲醇适用的情况是：①气量小，不宜采用脱水方法；②采用其他水合物抑制剂时用量多，投资大；③在建设正式厂（站）之前、使用临时设施的地方；④水合物形成不严重，不常出现或季节性出现；⑤只是在开工时将甲醇注入脱水系统中，以抑制水合物形成的地方；⑥管道较长（如1.5km以上）。

甲醇具有中等程度的毒性，可通过呼吸道、食道及皮肤侵入人体。甲醇使人体中毒剂量为5～10mL，致死剂量为30mL。空气中甲醇含量达到39～65mg/m³时，人在30～60min内即会出现中毒现象。因此，使用甲醇做抑制剂时必须采取相应的安全措施。

(2) 甘醇类。

甘醇类抑制剂无毒，沸点远高于甲醇，因而在气相中的蒸发损失少，一般可回收循环使用，适用于气量大而又不宜采用脱水方法的场合。使用甘醇类抑制剂时应注意：

①为保证抑制剂效果，甘醇类必须以非常细小的液滴（如雾状）注入到气流中（而甲醇易蒸发），令甘醇与天然气充分混合，以防止水合物的生成。

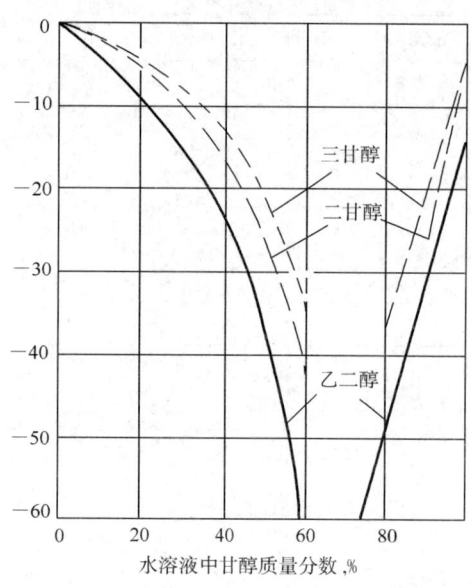

图 2-13 甘醇水溶液的"凝点"

②甘醇粘度较大，操作温度过低会令甘醇水溶液与液烃分离困难，增加甘醇损失，因此甘醇类抑制剂适用于操作温度不是很低的场合。

③如果管道或设备的操作温度低于0℃，注入甘醇类抑制剂时还必须根据图2-13判断抑制剂水溶液在此浓度和操作温度下有无"凝固"的可能性。实际上，所谓甘醇类水溶液"凝固"，并不是真正冻结成固体，只不过是变成粘稠的糊状体而已，但却严重影响了气液两相的流动与分离。

甘醇类虽可用来防止水合物的形成，但却不能分解或溶解已经形成的水合物。相反，甲醇可在一定程度上溶解已有的水合物。此外，当管道中被水合物堵塞时，还可采用降低管道压力的办法来解堵。在采用降压法解堵时，必须同时降低水合物堵塞处两侧的压力，否则堵塞的水合物块会碎解成坚硬如冰的小块，在管道内高压侧压力的推动下，将以极高的速度流向低压侧撞击如弯头或节流等元件，造成严重事故。

2) 抑制剂注入量的计算

注入天然气系统中的抑制剂，一部分与液态水混合成为抑制剂水溶液成为富液，一部分蒸发与气体混合形成蒸发损失。计算抑制剂注入量时，甲醇因沸点低和易溶于液态烃，需要考虑气相和液相损失的量，对于甘醇因沸点高一般不考虑气相和液相中损失的量。

当天然气水合物形成的温度降根据工艺要求给定时，抑制剂在富液中的浓度必须不低于一个最低值。富液中最低抑制剂浓度 C_2 可按哈默斯米特提出的半经验公式计算：

$$C_2 = \frac{(\Delta t)M}{K+(\Delta t)M} \times 100\% \qquad (2-22)$$

$$\Delta t = t_1 - t_2$$

式中 C_2——抑制剂富液浓度（质量分数），%；
　　Δt——水合物生成温度降，℃；
　　M——抑制剂的相对分子质量；
　　K——抑制剂常数，甲醇取 1297，乙二醇和二甘醇取 2220；
　　t_1——未加抑制剂时，天然气在管道或设备中最高操作压力下形成水合物的温度（对于节流过程，则为节流阀后压力下天然气形成水合物的温度），℃；
　　t_2——天然气在管道或设备中的最低操作温度，亦即要求加入抑制剂后天然气不会形成水合物的最低温度（对于节流过程，则为天然气节流后的温度），℃。

在计算得到最低抑制剂浓度后可运用计算抑制剂最小单位耗量的普遍式（2-23）计算抑制剂的用量：

$$q = \frac{(W_1 - W_2) \times C_2}{C_1 - C_2} + C_2 \times 10^{-3} \times \alpha \tag{2-23}$$

式中 q——抑制剂最小单位耗量，g/m^3；
　　W_1——抑制剂入口处气相含水量，g/m^3；
　　W_2——抑制剂出口处气相含水量，g/m^3；
　　C_1——抑制剂贫液浓度（质量分数），%；
　　α——系数（对甘醇类抑制剂可取 $\alpha = 0$，对甲醇 α 是温度和压力的函数，可按图 2-14 查得）。

用式（2-23）求得抑制剂的单位最小用量后，便可求得抑制剂的用量，为保险起见，实际用量取计算值的 1.15~1.20 倍。

目前由于热力学抑制剂用量大（质量分数一般占到水相的 10%~60%）、环境不友好（有毒）、储运及回收不方便等缺点，已不能完全满足油气工业发展对水合物抑制剂的经济、安全和环保等方面的要求。自上世纪 90 年代以来，又逐渐研究和开发出了一些低剂量水合物抑制剂，主要包括动力学抑制剂和防聚剂两大类。

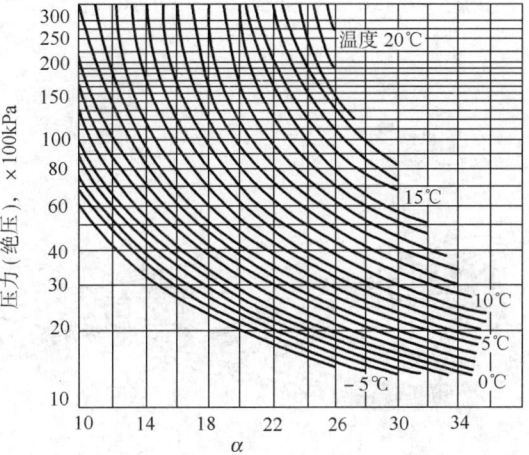

图 2-14　甲醇的气相损失量

动力学抑制剂注入系统后在水溶液的浓度很低（质量分数小于 0.5%），且不影响水合物形成的热力学条件，但它能推迟水合物成核和晶体生长的时间，从而达到防止水合物堵塞管道的作用。

防聚剂注入系统后的浓度也较低（质量分数小于 0.5%），它通过防止水合物颗粒聚结及在管壁上粘附，从而达到防止水合物在管道中沉积而以浆液状在管道内输送的方法，防止了管道的堵塞。目前这类低剂量水合物抑制剂在美、英等国某些气田完成了现场实验和部分的应用。

第三章 天然气矿场集输系统

第一节 天然气储运系统

一、天然气储运系统

天然气储运系统是由气田集输管网、气体净化与加工装置、输气干线、输气支线以及各种用途的站场所组成,如图3-1所示。它是一个统一的密闭的水动力系统。

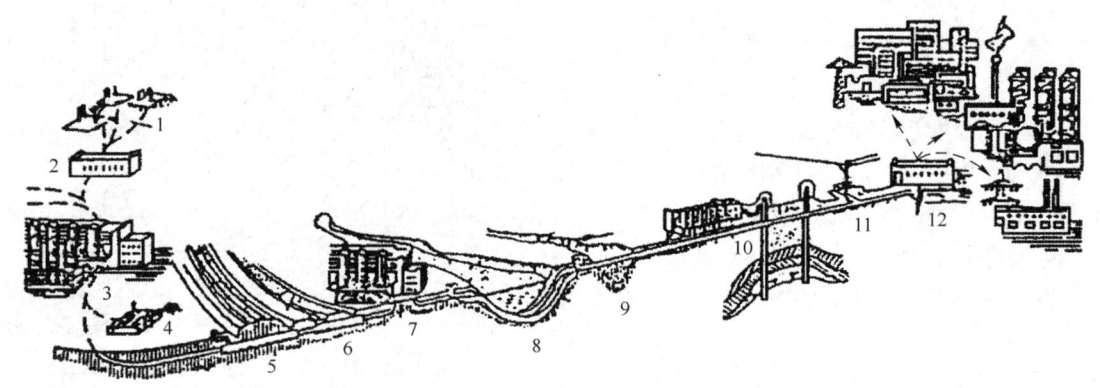

图3-1 天然气储运系统示意图

1—井场;2—集气站;3—天然气净化厂和压气站;4—配气站;5、6—铁路和公路穿越;7—中间压气站;8—河流穿越;9—沟谷跨越;10—地下储气库;11—阴极保护站;12—终点配气站

二、站场种类和作用

(1)井场:设于气井附近,从气井出来的天然气,经节流调压后,在分离器中脱除游离水、凝析油及机械杂质,经过计量后送入集气管线。

(2)集气站:将2口以上的气井来气从井口输送到集气站,在集气站内对各气井来天然气进行节流、分离、计量后集中输入集气管线。

(3)压气站:压气站可分为矿场压气站、输气干线起点压气站和输气干线中间压气站。当气田开采后期(或低压气田)地层压力不能满足生产和输送要求时,需设矿场压气站,将低压天然气增压至工艺要求的压力,然后输送到天然气处理厂或输气干线。天然气在输气干线中流动时,压力不断下降,需在输气干线沿途设置压气站,将气体增压到所需的压力。压气站设置在输气干线的起点则称为起点压气站,压气站设置在输气干线的中间某一位置则称为中间压气站,中间压气站的多少视具体工艺参数情况而定。

(4) 天然气处理厂:当天然气中硫化氢(H_2S)、二氧化碳、凝析油等含量和含水量超过管输标准时,则需设置天然气处理厂进行脱硫化氢(及二氧化碳)、脱凝析油、脱水,使气体质量达到管输的标准。

(5) 调压计量站(配气站):设于输气干线或输气支线的起点和终点,有时管线中间有用户也需设中间调压计量站。其任务是接收输气管线来气,进站进行除尘、分配气量、调压、计量后将气体直接送给用户,或通过城市配气系统送到用户。

(6) 集气管网和输气管网:在矿场内部,将各气井的天然气输送到净化厂或输气干线首站之间的输气管道叫做集气管网。从矿场将处理好的天然气输送到远处用户的输气管道叫输气干线。在输气干线经过铁路、公路、河流、沟谷时,有穿越和跨越工程。

(7) 清管站:为清除管内铁锈和水等污物以提高管线输送能力,常在集气干线和输气干线上设置清管站。通常清管站与调压计量站设在一起便于管理。

(8) 阴极保护站:为防止和延缓埋地管线的电化学腐蚀,在输气干线上每隔一定距离设置一个阴极保护站。

第二节 集 输 管 网

一、集输管线及其分类

集输管线是集输系统重要的组成部分。从气井至集气站第一级分离器入口之间的管线称为采气管线;集气站至净化厂或长输管线首站之间的管线称为集气管线。集气管线分为集气支线和集气干线。由集气站直接到附近用户的直径较小的管线也属集气管线范畴。由集气干线和若干集气支线(或采气管线)组合而成的集气单元称为集气管网;一个地区的集气管网则是指一个气田或几个气田的集气管线组合而成的集气单元。图 3-2 为一气田集输管网的示意图。净化后的天然气进入输气干线。

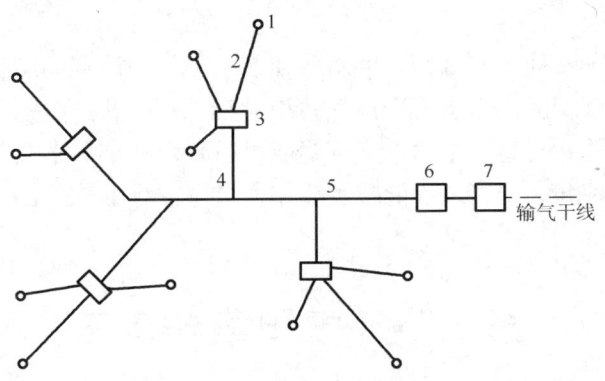

图 3-2 集气管线示意图

1—井场装置;2—采气管线;3—多井集气站;4—集气支线;
5—集气干线;6—集气总站;7—天然气净化厂

按集气管线的操作压力通常分为高压、中压和低压集气管线。其压力范围如表3-1所示。

表3-1 集气管线的分类

管线名称	高压集气管线	中压集气管线	低压集气管线
压力范围，MPa	$10 \leqslant p \leqslant 16$	$1.6 \leqslant p < 10$	$p < 1.6$

二、集气管网类型

集气管网通常分为枝状管网、放射状管网和环状管网，如图3-3所示。

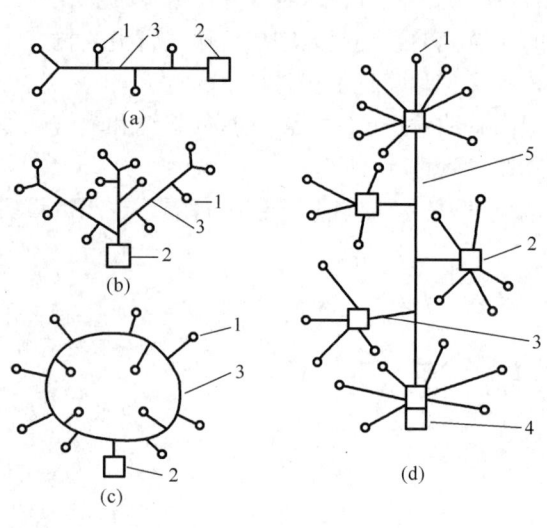

图3-3 集气管网示意图
(a) 枝状管网；(b) 放射状管网；
(c) 环状管网；(d) 组合型管网
1—气井；2—集气站；3—集气管线；4—总站或增压站

1. 枝状管网

枝状管网形同树枝状，经气田主要产气区的中心建一条贯穿气田的集气干线，将位于干线两侧各井的气集入干线，并输到总集气站。该流程适用于气藏面积狭长且井网距离较大的气田，其特点是适宜于单井集气，如图3-3（a）所示。

2. 放射状管网

放射状管网有几条线型集气干线从一点（集气站）呈放射状分开，如图3-3（b）所示。它适用于气田面积较大、井数较多且地面被几条深沟所分割的矿场。

3. 环状管网

环状管网适用于面积较大的圆形或椭圆形气田。其特点是便于调度气量，环形集气干线局部发生事故也不影响正常供气。其流程如图3-3（c）所示。

4. 组合型管网

大型气田不局限于一种集气流程，可用两种或三种管网流程的组合，我们把这种管网称为组合型管网。组合型管网适用于若干口气井相对集中的一些井组的集气，每组井中选一口设置集气站，其余各单井到集气站的采气管线成放射状，故亦称多井集气流程。其优点是便于天然气的集中预处理和集中管理，能减少操作人员，流程形式如图3-3（d）所示。

第三节 气田集输工艺

天然气从气井采出时均含有液体（水和液烃）和固体（岩屑、腐蚀产物及酸化处理后的残存物等）物质。这将对集输管线和设备产生极大的磨蚀危害，且可能堵塞管道和仪表管线以及设备等，因而影响集输系统的运行。气田集输的目的就是收集天然气和用机械方法尽可能除去天然气中所含的液体和固体物质。

气田集输工艺流程分为单井集输流程和多井集输流程。按其天然气分离时的温度条件，又可分为常温分离工艺流程和低温分离工艺流程。

由于储气构造、地形地物条件、自然条件、气井压力温度、天然气组成以及含油含水情况等因素是千变万化的，因而适应这些因素的气田天然气集输工艺也是多种多样的。以下仅对较为典型和常见的流程加以描述。

一、井场装置

井场装置具有三种功能：调控气井的产量；调控天然气的输送压力；防止天然气生成水合物。

比较典型的井场装置流程，也是目前现场通常采用的有两种类型：一种是加热天然气防止生成水合物的流程，另一种是向天然气中注入抑制剂防止生成水合物的流程，如图3-4和图3-5所示。

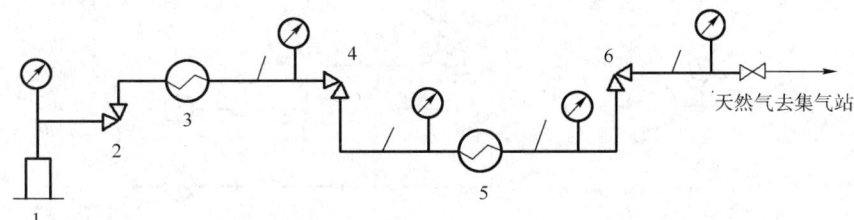

图3-4　加热防冻的井场装置原理流程图

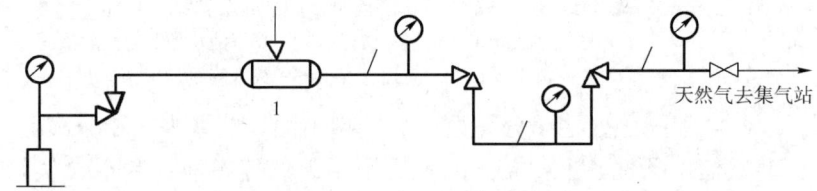

图3-5　注抑制剂防冻的井场装置原理流程图

图3-4中，1为气井，2为采气树针形阀。天然气从针形阀出来后进入井场装置，首先通过加热炉3进行加热升温，然后经过第一级节流阀（气井产量调控节流阀）4进行气量调控和降压，天然气再通过加热器5进行加热升温，和第二级节流阀（气体输压调控节流阀）6进行降压，以满足采气管线起点压力的要求。

图3-5所示流程图中的抑制剂注入器1替换了图3-4中的加热炉3和加热器5，流经注入器的天然气与抑制剂相混合，一部分饱和水汽被吸收下来，天然气的水露点随之降低。经过第一级节流阀（气井产量调控阀）进行气量控制和降压，再经第二级节流阀（气体输压调控阀）进行降压，以满足采气管线起点压力的要求。

二、常温分离工艺

天然气在分离器操作压力下，以不形成水合物的温度条件下进行气—液分离，称为常温分离。通常分离器的操作温度要比分离器操作压力条件下水合物形成温度高3～5℃。

常温分离工艺的特点是辅助设备较少、操作简便，适用于硫化氢和凝析油含量低的矿场分离。

我国目前常用的常温分离集气站流程有以下三种。

1. 常温分离单井集气站流程

常温分离单井集气站通常设置在气井井场。常温分离流程如图3-6所示。采气管线1来气经进站截断阀2后到加热炉3加热，加热后的天然气经节流阀4降压节流后输送到三相分离器5分别分离出气、油、水。天然气从分离器顶部通过孔板计量装置6计量后经出站截断阀7输送到集气管线8；分离器的中部分离出的液烃经液位控制自动放液阀9输送到流量计10计量后通过出站截断阀11输入液烃管线12；分离器底部分离出的水经液位控制自动放液阀13通过流量计14计量后经出站截断阀15外输到放水管线16。

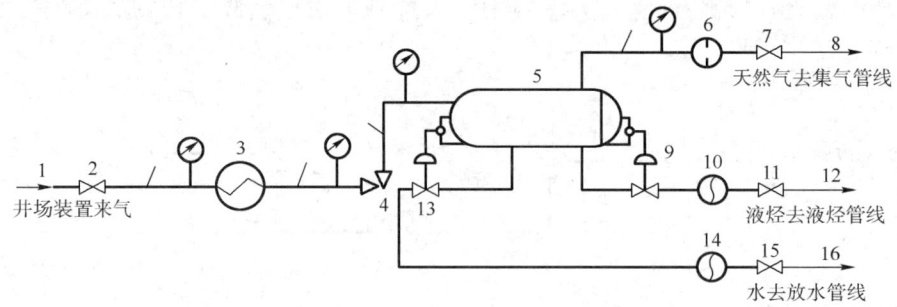

图3-6 常温分离单井集气站原理流程图（一）
1—采气管线；2—进站截断阀；3—加热炉；4—节流阀；5—三相分离器；6—孔板计量装置；
7、11、15—气、油、水出站截断阀；8—集气管线；9、13—液位控制自动放液阀；
10、14—流量计；12—液烃管线；16—放水管线

图3-7与图3-6不同之处在于分离设备的选型不同，前者为三相分离器，后者为气液两相分离器，因此其使用条件各不相同。前者适用于天然气中液烃和水含量均较高的气井，后者适用于天然气中只含水或液烃较多、水微量的气井。

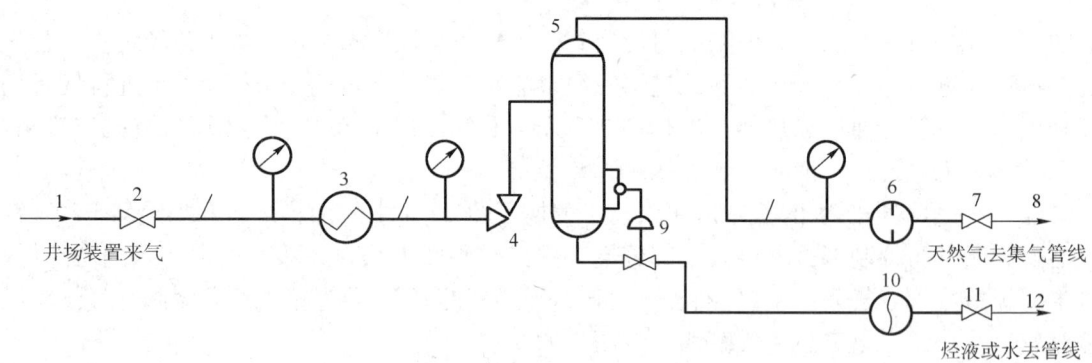

图3-7 常温分离单井集气站原理流程图（二）
1—采气管线；2—进站截断阀；3—加热炉；4—节流阀；5—气液两相分离器；6—孔板计量装置；7、11—气、油或水出站截断阀；8—集气管线；9—液位控制自动放液阀；10—流量计；12—液烃或水管线

2. 常温分离多井集气站流程

常温分离多井集气站一般有两种类型，如图3-8和图3-9所示。两种流程的不同点在于前者的分离设备是三相分离器，后者的分离设备是气液两相分离器。两者的适用条件不同，前者适用于天然气中油和水的含量均较高的气田，后者适用于天然气中只有较多的水或较多液烃的气田。

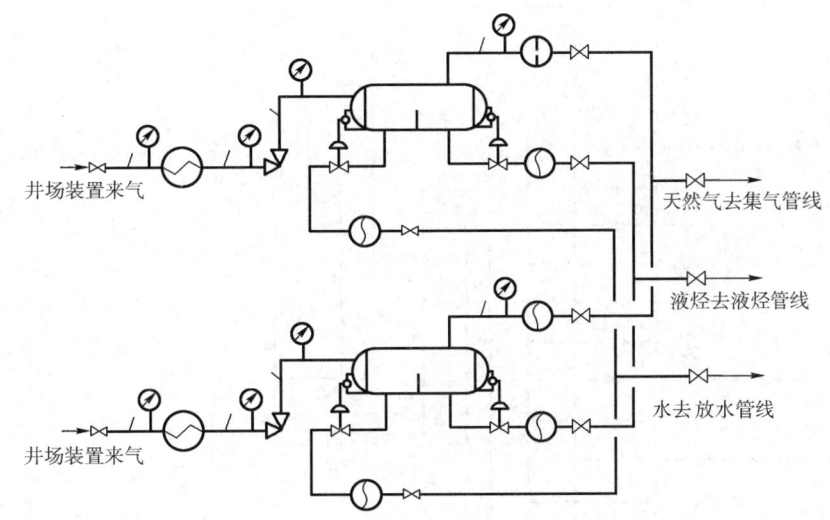

图3-8 常温分离多井集气站原理流程图（一）

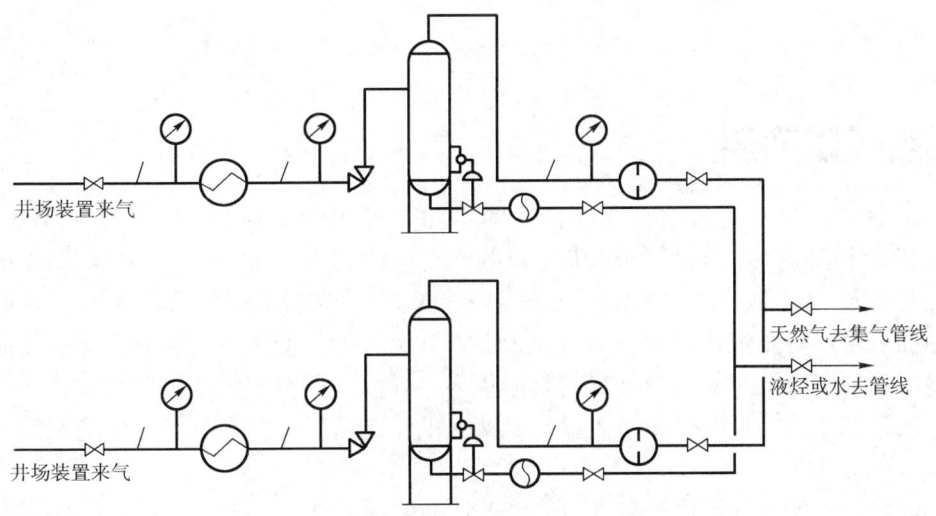

图3-9 常温分离多井集气站原理流程图（二）

图3-8和图3-9所示仅为2口气井的常温分离多井集气站。多井集气站的井数取决于气田井网布置的密度，一般采气管线的长度不超过5km，井数不受限制。以集气站为中心、5km为半径的面积内，所有气井的天然气处理均可集于集气站内。图3-8中管线和设备与图3-6相同，图3-9中管线和设备与图3-7相同，此处流程介绍从略。

3. 常温分离多井轮换计量集气站流程

常温分离多井轮换计量集气站流程适用于单井产量较低而井数较多的气田。全站按井数多少设置1个或数个计量分离器供各井轮换计量;再按集气量多少设置1个或数个生产分离器,生产分离器供多井共用。其流程如图3-10所示。图中各设备类同于图3-6至图3-9,此处流程介绍从略。

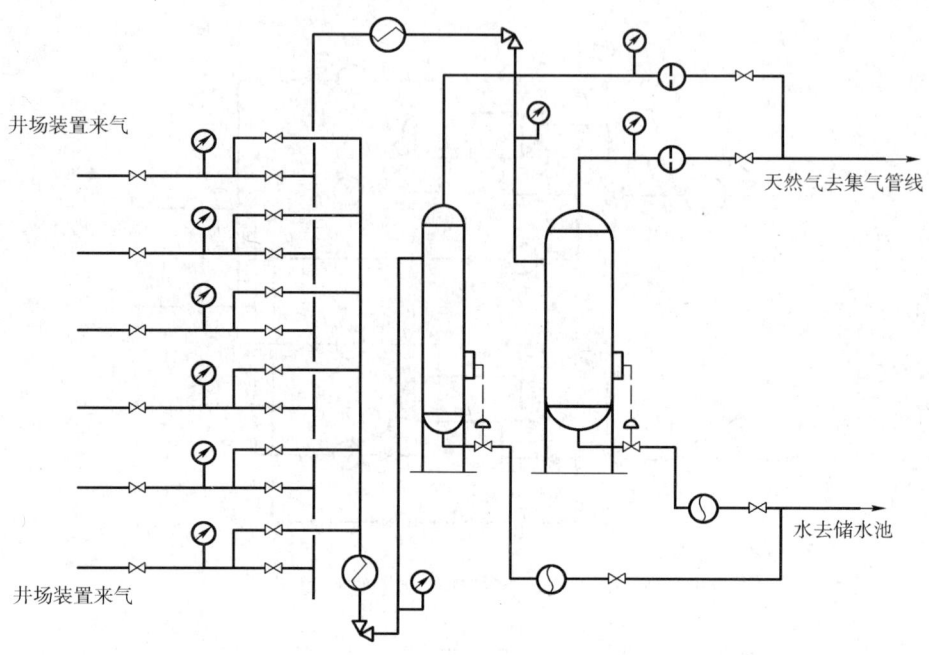

图3-10 常温分离多井轮换计量集气站原理流程图

三、低温分离工艺

对于压力高、产气量大的气井,在气体中除主要组分甲烷外,还有含量较高的硫化氢、二氧化碳和凝析油以及呈液态和气态的水分。在这种情况下,宜采用低温分离的流程,即在集气站用低温分离的方法,分离出天然气中的凝析油,使管输天然气的烃露点达到管输标准要求,防止烃析出影响管输能力。对含硫天然气而言,脱除凝析油还能避免天然气脱硫过程中的溶液污染。形成低温的方法很多,目前主要有节流膨胀制冷法、热分离机制冷法和外加冷源法。本节仅介绍节流膨胀制冷法的工艺流程,其余几种方法将在第六章详细介绍。

由于低温分离的操作温度一般在0℃以下,通常为-4~-20℃。为了取得分离器的低温操作条件,同时又要防止在大差压节流降压过程中天然气生成水合物,必须采用注抑制剂法以防止生成水合物。

图3-11为采用乙二醇抑制剂的低温分离工艺流程图。由气井来的井流物先进入游离水分离器脱除全部游离水后,经气/气换热器用来自低温分离器的冷干气预冷再经节流阀降温降压后进入低温分离器。在低温分离器中,冷干气与富甘醇和液烃分离后,在气/气换热器与进料气换热,复热后的干气作为产品气外输。由于来气在气/气换热器中将会冷却至水合

物形成温度以下，所以在进入换热器前要注入贫甘醇（即未经气流中游离水稀释的甘醇溶液）。

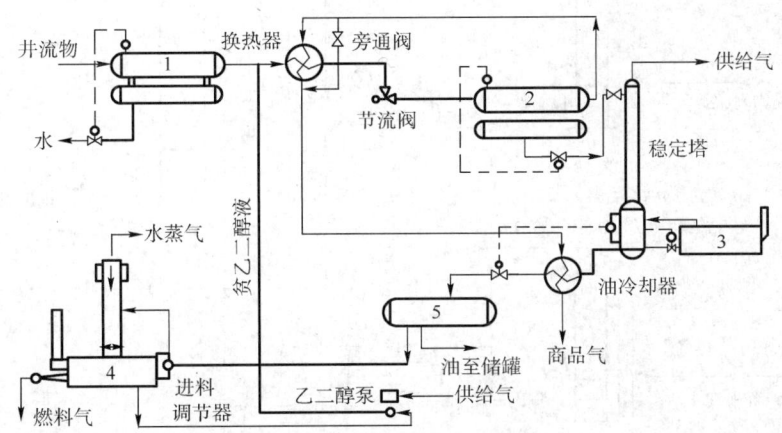

图 3-11 低温分离法工艺流程示意图（一）
1—游离水分离器；2—低温分离器；3—蒸气发生器；4—乙二醇再生器；5—醇-油分离器

由低温分离器分出的液体送至稳定塔中进行稳定。由稳定塔脱出的气体供给内部使用，稳定后的液体经冷却器冷却后去醇—油分离器进行分离。分离出的稳定凝析油送至储罐。富甘醇去再生器再生，再生后的贫甘醇用气动泵增压后循环使用。

图 3-11 中的低温分离器一般在高压与低温下操作，其操作温度即为冷干气在该高压下的露点。由于此温度远低于干气在管道中输送时可能出现的最低温度，因此，就可防止在输气管道中形成水合物。

在图 3-11 的工艺流程中如采用甲醇作抑制剂，通常就不需要回收与再生，因而也就省去了再生系统的各种设备。此外，因甲醇蒸气压高，可以保证在气相中有足够的浓度，故不必像甘醇那样需要有雾化设备。

图 3-12 也是一个较为典型的低温集气工艺流程图，图中省略了乙二醇的再生循环装置。如图所示：井场装置通过采气管线 1 输来气体经过进站截断阀 2 进入低温集气站。天然气经过节流阀 3 进行压力调节以符合高压分离器 4 的操作压力要求。脱除液体的天然气经过孔板计量装置 5 进行计量后，再通过装置截断阀 6 进入汇气管。各气井的天然气汇集后进入抑制剂注入器 7，与注入的雾状抑制剂相混合，部分水汽被吸收，使天然气水露点降低，然后进入气/气换热器 8 使天然气预冷。降温后的天然气通过节流阀进行大差压节流降压，使其温度降到低温分离器所要求的温度。从分离器顶部出来的冷天然气通过换热器 8 后温度上升至 0℃ 以上，经过孔板计量装置 10 计量后进入集气管线。

从高压分离器 4 的底部出来的游离水和少量液烃通过液位调节阀 11 进行液位控制，流出的液体混合物计量后经装置截断阀 12 进入汇液管。汇集的液体进入闪蒸分离器 13，闪蒸出来的气体经过压力调节阀 14 后进入低温分离器 9 的气相段。闪蒸分离器底部出来的液体再经液位控制阀 15，进入低温分离器底部液相段。

从低温分离器底部出来的液烃和抑制剂富液混合液经液位控制阀 16 再经流量计 17，通过出站截断阀进入混合液输送管线送至液烃稳定装置。

图 3-13 为新疆塔里木油田某处理厂工艺原理流程图。该流程是典型的节流膨胀获得低温和乙二醇再生的分离工艺流程图。

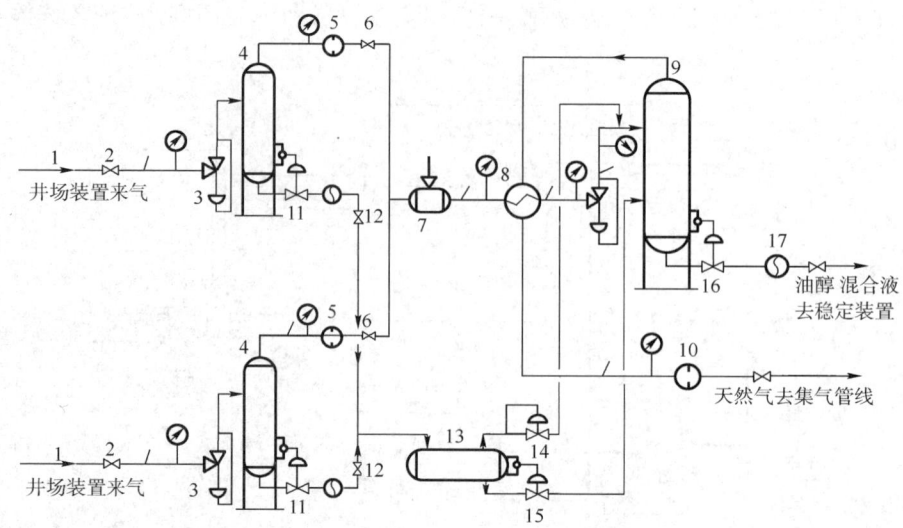

图 3-12　低温分离集气站原理流程图（二）

井站及集气站来气经两级分离后在冷却器 4 内与干气换冷且注入贫乙二醇，经预冷后的原料气经节流降温至 $-29℃$ 左右进入低温分离器 6 分离出干气和液相。干气经过滤器 5 回收少量乙二醇液沫后经冷却器 4 回收冷量外输。低温分离器 6 分离出的液相经加热后进入三相分离器分离出气相、凝析油和乙二醇富液。凝析油经过滤后去凝析油稳定装置，乙二醇富液进入再生系统再生提浓后重复使用。

化学抑制剂的再生工艺及方法与三甘醇类似，将在第五章详细介绍。

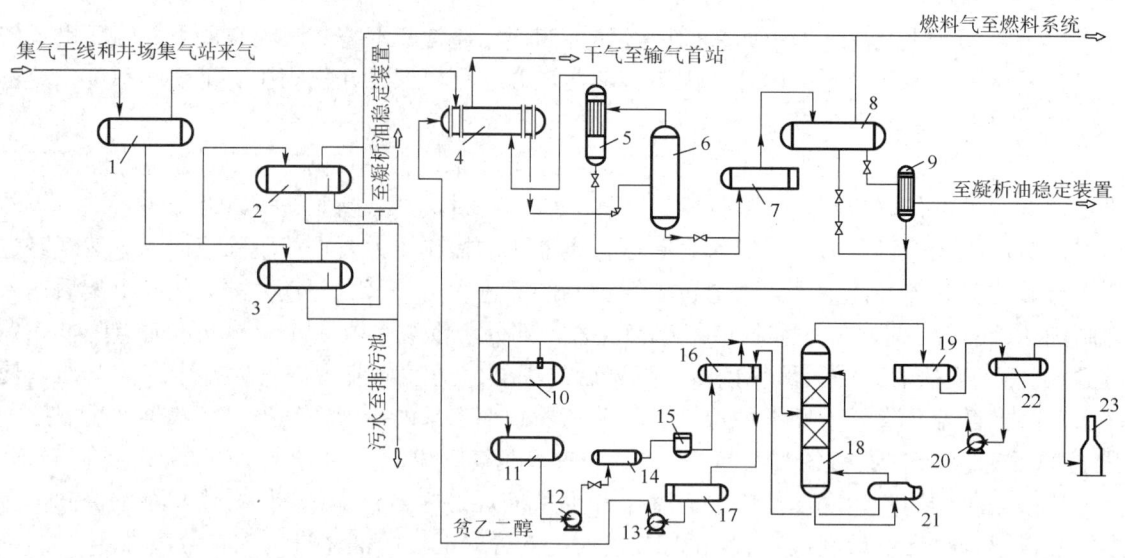

图 3-13　塔里木油田某处理厂天然气处理工艺流程原理图

1—气液分离器；2、3—液—液分离器；4—原料气冷却器；5—干气过滤分离器；6—低温分离器；7—醇烃液加热器；8—三相分离器；9—凝析油过滤分离器；10—乙二醇补充罐；11—乙二醇富液缓冲罐；12—乙二醇富液泵；13—乙二醇贫液泵；14—乙二醇富液活性炭过滤器；15—乙二醇富液机械过滤器；16—乙二醇富液换热器；17—乙二醇贫液冷却器；18—乙二醇再生塔；19—再生塔顶冷凝冷却器；20—再生塔顶回流泵；21—再生塔底再沸器；22—再生塔顶回流罐；23—灼烧炉

第四章 天然气集输设备

第一节 分离设备

从气井中采出的天然气或多或少都带有一部分的矿化水、凝析油和岩屑、砂粒等液体、固体杂质。这些液体和固体杂质的存在,会降低管道及设备的输送负荷,或是引起腐蚀或堵塞的发生。为保证管道与设备安全可靠运行,在天然气的集输系统中安装有分离设备,以对气—液、气—固杂质进行分离脱除。

天然气集输系统中所使用的分离设备种类繁多,按实现分离利用的能量方式分为重力式分离器和旋风式分离器;按其工作压力可分为真空(<0.1MPa)、低压(0.1～1.5MPa)、中压(1.5～6MPa)和高压(>6MPa)分离器等;其他类型的分离器有螺旋式分离器、百叶窗式分离器、过滤式分离器等。

一、重力式分离器

重力式分离器的主要分离作用都是利用生产介质和被分离物质的密度差来实现的。在集输系统中,由于单井产量的递减、新井投产以及配气要求等原因,气体处理量变化较大,重力式分离器则能适应较大的负荷波动。因而集输系统中,重力式分离器的应用比其他类型分离器的应用更为广泛。

重力式分离器依据外形不同可分为卧式分离器和立式分离器;按分离设备的功能不同可分为油气两相分离器、油气水三相分离器。

1. 两相分离器

1)立式两相分离器

立式两相分离器的主体为一立式圆筒体,气流一般从该筒体的中段进入,顶部为气流出口,底部为液体出口,结构与分离过程如图4-1所示。

初级分离段(即气流入口处)——气流进入筒体

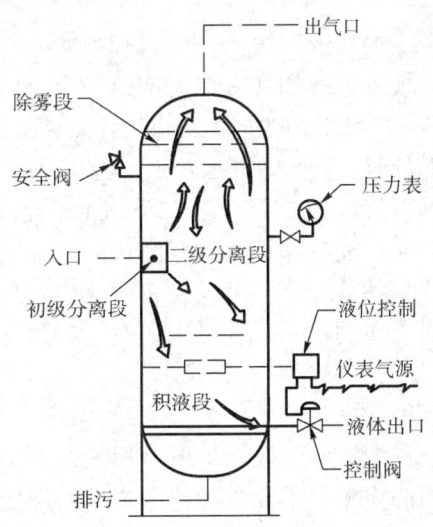

图4-1 立式两相分离器结构图

后，由于气流速度突然降低，成股状的液体或大的液滴由于重力作用被分离出来直接沉降到积液段。为了提高初级分离的效果，常在气液入口处增设入口挡板或采用切线入口方式。

二级分离段（即沉降段）——经初级分离后的天然气气流携带着较小的液滴向气流出口以较低的流速向上流动。此时，由于重力的作用，液滴则向下沉降与气流分离。本段的分离效率取决于气体和液体的特性、液滴尺寸及气流的平均流速与扰动程度。

积液段——本段主要收集液体。一般积液段还应有足够的容积，以保证溶解在液体中的气体能脱离液体而进入气相。对三相分离器而言，积液段也是油水分离段。分离器的液体排放控制也是积液段的主要内容。为了防止排液时的气体旋涡，除了保留一段液封外，也常在排液口上方设置挡板类的破涡装置。

除雾段——主要设置在紧靠气体流出口前，用于捕集沉降段未能分离出来的微小液滴（10~100μm）。微小液滴在此发生碰撞、凝聚，最后聚集成较大液滴下沉至积液段。

立式分离器占地面积小，易于清除筒体内污物，便于实现排污与液位自动控制，适于处理较大含液量的气体，但单位处理量成本高于卧式分离器。

2）卧式两相分离器

卧式两相分离器的主体为一卧式圆筒体，气流一端进入，另一端流出。其作用原理与立式分离器大致相同，结构与分离过程如图4-2所示。

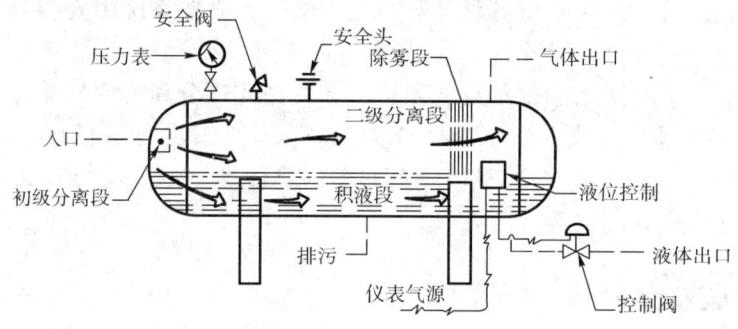

图4-2 卧式两相分离器结构图

初级分离段——可具有不同的入口形式，其目的也在于对气体进行初级分离。除了入口挡板外，有的在入口内增设一个小内旋器，即在入口对气、液进行一次旋风分离。

二级分离段——为气体与液滴实现重力分离的主体。在立式重力分离器的沉降段内，气流大部分向上流动，而液滴向下运动，两者方向完全相反，因而气流对液滴下降的阻力较大。而卧式重力分离器的沉降段内，气流水平流动与液滴下降成90°夹角，因而对液滴下降阻力小于立式分离器。通过计算可知，卧式分离器的气体处理能力比同直径立式分离器的气体处理能力大。

除雾段——可设置在筒体内，也可设置在筒体上部紧接气流出口处。除雾段除设置纤维或金属网丝外，也可采用专门的除雾芯子。

液体储存段（积液段）——此段决定液体在分离器内的停留时间。一般储存高度按1/2直径考虑。

泥沙储存段——位于积液段下部，主要是由于在水平筒体底部，泥沙等污物有45°~60°的静止角，因而排污比立式分离器困难。有时此段需增设2个以上的排污口。

卧式分离器和立式分离器相比，具有处理能力较大、安装方便和单位处理量成本低等优点；但也有占地面积大、液体控制比较困难和不易排污等缺点。

2. 三相分离器

1) 立式三相分离器

图4-3表示一个典型的立式三相分离器结构。流体经过侧面的入口进入分离器,在入口挡板处,流体分离出大量气体。分离出的液体经降液管输送到油气界面处。油、气、水混合物经降液管出口处的分配器进入油水界面,气体从此处上升,油、水也由于重力的原因分别向上、向下运动,从而最终达到分离油、气、水的目的。连通管上下的压力通过连通管平衡。

当生产中有较多量的沙粒时,立式分离器可以采用锥形底。锥体通常具有一个与水平线成45°和60°的角度,以有助于产出的沙子抵抗静止角达到排污的目的。

2) 卧式三相分离器

图4-4为卧式的带有界面控制器和堰板的典型三相分离器示意图。流体进入分离器,并冲击到入口挡板上,由于液流的动量突然变化而实现气液的初始分离。初始分离后的液流经入口挡板上的降液管流入油气界面以下进入集液部分,并在集液部分实现油、乳状油与游离水的重力分离。分离后的油和乳状油从堰板溢出进入油槽,油槽液位由液面控制器操纵出油阀控制于恒定的高度。分离后的游离水从水出口排出,油水界面控制器操纵排水阀的开度,使油水界面保持在规定的高度,气体成水平方向流经除雾器流出。分离器的压力由设在气管上的阀门控制,油气界面的高度依据气液分离的需要可在1/2直径到3/4直径间变化,一般采用1/2直径。

图4-5为另一种形式的卧式三相分离器,器内设有油槽和水堰板。油自油堰板溢流至油槽,油槽内油面由液面控制器操纵的出油阀控制。水在油槽下面流过,经水堰板流入水室,水室的液面由液面控制器操纵的排水阀控制。通常将油堰板或水堰板做成可调高度的堰板,在油水密度或流量改变时进行调节,以保持一定的油层厚度和油在分离器内的停留时间,使油中水珠能沉降至分离器底部的水层中。这种结构的分离器适用于重质、高含蜡乳状原油,油水界面不易用界面控制器控制的场合。

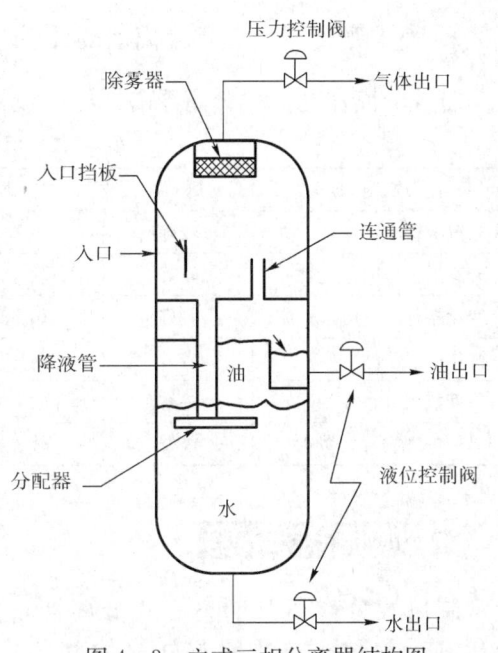

图4-3 立式三相分离器结构图

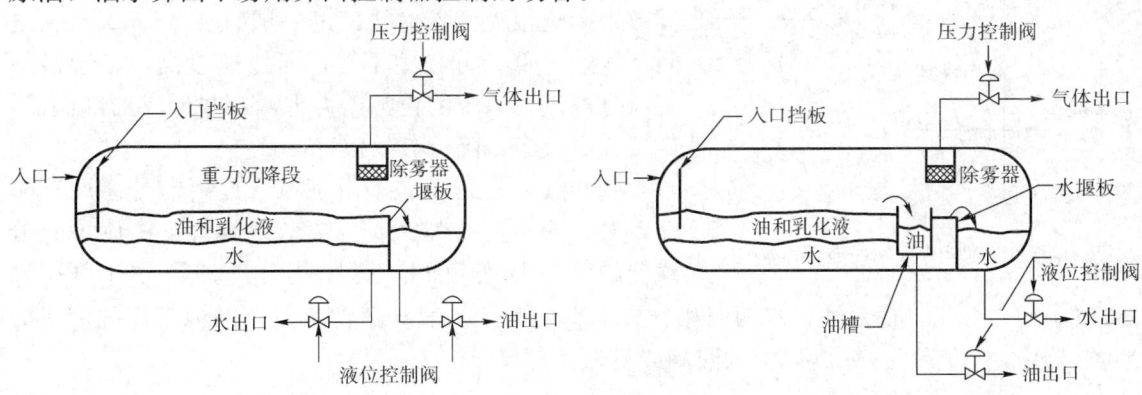

图4-4 卧式三相分离器结构图　　图4-5 油槽和堰板结构的卧式三相分离器

3. 卧式分离器与立式分离器的比较

卧式分离器与立式分离器的性能比较如表4-1所示。

表4-1 两类分离器性能比较表

比较内容	卧式	立式	比较内容	卧式	立式
分离效率	较好	较差	处理外来物的能力	较差	较好
分离后流体的稳定性	较好	较差	处理起泡原油的能力	较好	较差
变化条件的适应性	较好	较差	活动使用的适应性	较差	较好
操作的灵活性	较差	较好	安装所需要的空间	较好	较差
处理能力（直径相同）	较好	较差	安装的容易程度	较好	较差
单位处理能力的费用	较好	较差	检查维护的容易程度	较好	较差

二、旋风式分离器

旋风式分离器又叫离心式分离器，由筒体、锥形管、螺纹叶片、中心管和集液包等组成，气体进口管线与外筒体的连接成切线方向，气体出口管线在顶部与中心管连接，如图4-6所示。旋风式分离器的主要工作过程是气体和被分离液体沿分离器筒体壁切线方向以一定速度进入分离器，并沿筒体内壁作旋转运动或圆周运动。由于气、液质量的不同，所产生的离心力也不相同。由于被分离液滴的密度往往远大于气体，因而液滴在此旋转运动中被抛向筒体壁，并附着在筒体壁上，聚集成较大液滴，在重力的作用而沿筒体壁向下流动，最后流入分离器的集流段而被排放出去。而在分离器下部，由于气流从中心管折返向上，气液旋转速度降低，为了维持较大的离心力，因而将筒体下部设计成圆锥形，以减少回转半径。

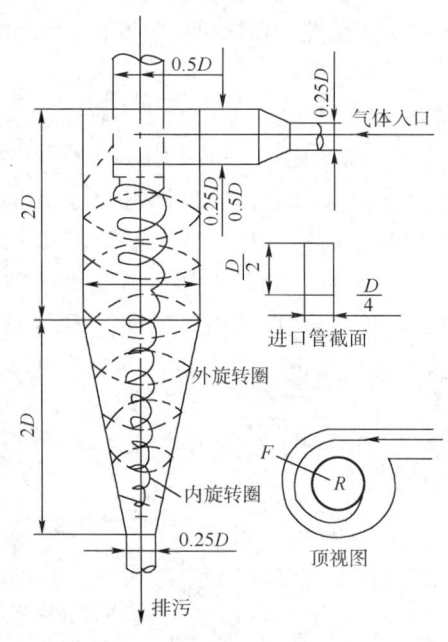

图4-6 旋风式分离器示意图

由此可见，影响旋风式分离器效率的因素主要有三方面：

（1）气体进口速度。由于离心分离力与气体旋转线速度成二次方关系，因而气体进口的线速度对分离器效果影响很大。入口线速度一般宜在15~25m/s之间。线速过低，分离力不够；而线速过高，则会破坏旋风分离流动系统的正常压力平衡，并形成局部涡流，产生二次夹带，降低分离效率。

（2）气、液密度差。由旋风式分离器分离原理可知，气、液密度差越大，分离效果越好。由旋风式分离器的气流状态可知，旋风式分离器适用于气、液（或气、固）分离，而对油、水两液相分离不宜采用。一般在正常负荷范围内工作的旋风分离器，基本上可除去40μm以上的液滴或机械微粒。

（3）旋转半径。由向心力公式：$F = m\dfrac{v^2}{R}$可知，旋转半径越大，离心力越小，因此旋转半径不宜超过 0.5m，否则需提高气流入口线速。当处理气量较大时，可采用多个旋风分离器。当用于小气量或负荷波动较大的气体处理时，可采用可调节多管式旋风分离器。由于多管式旋风分离器的每根旋风管，其旋转半径均较小，可在气流线速较低的情况下获得较大的气、液分离能力。

旋风式分离器的离心力产生的分离力比重力产生的分离力要大得多，因此旋风式分离器是一种处理能力大、分离效率高、体积小、结构简单的分离设备，可基本除去 5μm 以上的液滴。旋风式分离器尽管有较高的分离效率，但它的分离效果对流速很敏感，且一般要求处理负荷应相对稳定，因而在负荷波动较大的集输站场与单井集气站中的应用受到限制，这就限制了它在集输系统中的应用范围。

三、过滤式分离器

过滤式分离器主要由圆筒形过滤元件和不锈钢金属丝除雾器组成，如图 4-7 所示。它是一个分成两级的压力容器。第一级装有可换的玻璃纤维膜滤芯（管状），安装在管板上的支座上。第二级分离室装有金属丝网（或叶片式）的高效液体分离装置。

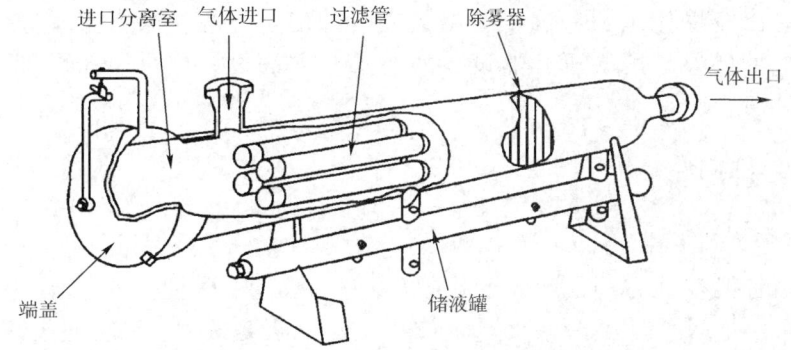

图 4-7 过滤式分离器结构图

过滤式分离器的主要特点是当要过滤的气体通过过滤介质或过滤元件时，会过滤掉气流中的固体杂质或液滴。常用的过滤介质或过滤元件有纤维制品、金属丝网、陶瓷和泡沫塑料等。具体的分离过程为气体中的固体微粒和液滴流过过滤层曲折的通道，不断与玻璃纤维发生碰撞。每次碰撞都要降低其动能，当动能降低到一定值时，所有大于或者等于 1μm 的固体微粒就粘附在玻璃纤维的过滤层中，滞留在玻璃纤维中的固体微粒的粒径随着过滤层的深度逐渐减小。而气体中的液滴也会逐渐聚集成较大的液滴，这是由于玻璃纤维和粘接剂（酚甲醛）之间存在有电化学相溶性，提供了微小液滴聚结成大液滴的有利条件。随着更多的液滴被分离，液滴因其表面相互吸引而凝聚和结合成大的液滴。当这些聚集起来的液滴比进入过滤层前增大 100～200 倍时，重力与气体通过过滤层的摩擦阻力使这些液滴流出过滤层，进入滤芯的中心，而被带进容器的第二级。由于液滴具有这样大的尺寸，所以它们被二级分离装置迅速地分离出，排至容器底部，通过排液管进入储液罐。

气体经过过滤元件后，进入不锈钢金属丝网除雾器，进一步脱除微小液滴，来达到高的脱除效率。其作用是基于带有雾沫或雾滴的气体，以一定的流速所产生的惯性作用，不断地与金属表面碰撞。由于液体表面张力而在金属丝网上聚结成较大的液滴，当聚结到其本身重力足以超过气体上升的速度力与液体表面张力的合力时，液体就离开金属网而沉降。因此当气体速度显著地降低时，就不能产生必要的惯性作用，其结果导致气体中的雾沫漂浮在空间，而不撞击金属丝网，便得不到分离。如果气体速度过高，那么聚结在金属网上的液滴不易脱落，液体便充满金属丝网，当气体通过金属丝网时又重新被带入气体中。

过滤式分离器的工作弹性范围大，在 50% 负荷时仍能达到满意的分离效果。这种深层过滤所脱除的固体微粒和液滴的粒径，要比旋风式、重力式等过滤器小许多倍，它可以脱除 100% 直径大于 $2\mu m$ 的液滴和 99% 的小到 $0.5\mu m$ 以上的液滴。因此这种分离器通常用于对气体净化要求较高的场合，如气体处理装置、压缩机站进口管路或涡轮流量计等较精密的仪表之前。

四、分离器的外壳与内部构件

1. 分离器外壳

分离器的外壳为内部承受压力的容器。它是一个圆形筒体，其内径及长度依据气体和液体的处理量，以及操作压力和温度等参数来设计确定。两端通常是椭球形或球形的封头。筒体及封头的壁厚，按高压容器设计的要求及方法设计成足够的厚度，以承受高的压力。

2. 分离器内部构件

1) 进口转向器

进口转向器有很多型式。图 4-8 表示常用的进口装置的两种基本类型。图 4-8（a）是导流挡板，它可以是球形盘、平板、角铁、锥形物，或者是任何一种能使液流方向和速度快速变化的东西。经过此导流挡板，流体就分离成气体和液体。这种挡板主要是用结构支撑加以固定，以承受冲击动量载荷。使用半球形或锥形的装置，其优点是它比板或角铁所产生的扰动要小些，从而减少再夹带或乳化的问题。

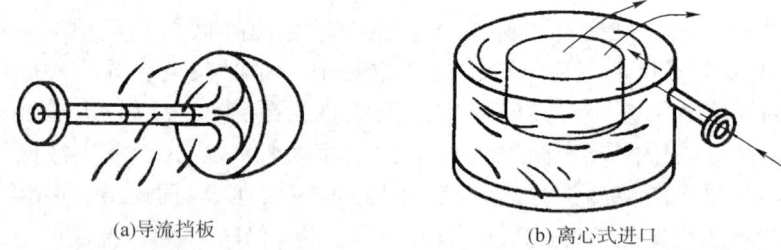

(a) 导流挡板　　　(b) 离心式进口

图 4-8　进口转向器

图 4-8（b）为离心式进口，它应用离心力来分离流体成为液体和气体。这种进口可以是旋风式通道或者是环绕筒壁的切线流道。图 4-9 所示的三相分离器即用了离心式入口分流器达到初始分离的目的。

2) 波浪破碎器

在长的卧式分离器内安装有波浪破碎器，其结构为一些垂直挡板横跨在气液界面之上并与流动方向垂直，目的是破碎高速流动的气体在液面上所产生的波浪。

3) 除沫板

当气泡从液体中逸放出来时，在气液界面可能形成泡沫。解决的方法之一是在进口处加入化学处理剂使泡沫稳定，也可以采用如图 4-10 所示的一系列倾斜的平行板片或管束来聚结泡沫达到破沫的目的。

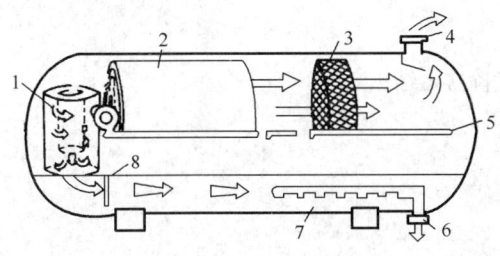

图 4-9 卧式油气分离器示意图
1—离心式入口分流器；2—气体整流器；3—网垫除雾器；4—气体出口；5—气液隔板；6—原油出口；7—防涡排油管；8—堰板

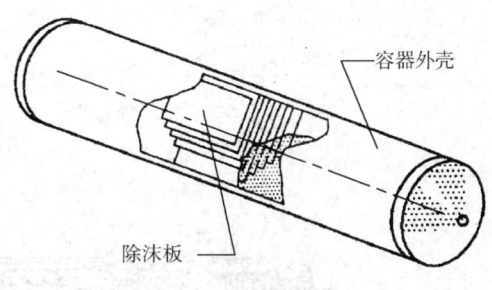

图 4-10 除沫板示意图

4) 旋流破碎器

旋流破碎器用以防止在当液流控制阀标开时而产生旋涡。产生的旋涡可以从气体空间内吸进一些气体或从油垫层中吸进一些油流，然后在出口处再掺混到液体内。图 4-9 采用了一种旋流破碎器，图 4-11 所示为另一种旋流破碎器。

5) 雾沫脱除器（除雾器）

在重力式分离器设计计算中，普遍将分离液粒最小直径定为 $100\mu m$。为了除去 $100\mu m$ 以下的液滴，在分离器的出口普遍都增设了除雾器。除雾器能除去 $100\sim10\mu m$ 直径的液滴，其效率可达 99%。

除雾器主要有以下三种：

图 4-12（a）所示为网垫除雾器。网垫除雾器是由很细的不锈钢丝（直径 0.12～0.25mm）缠绕成紧密的圆柱形填料垫层。液滴碰击到丝网上，聚结起来。丝网垫一般厚度在 75～180mm 左右。经验表明，尺寸适宜的网垫除雾器可以脱

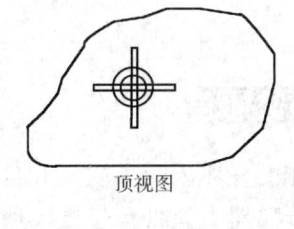

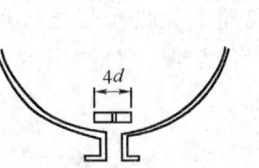
垂直于轴线的剖面图

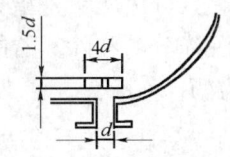
通过轴线的纵剖面图

图 4-11 旋流破碎器

除 99% 的 $10\mu m$ 和更大些的液滴。网垫除雾器虽然价格便宜，但要比其他类型的除雾器更容易堵塞。

图 4-12（b）为拱板除雾器，主要由一系列同心波纹圆筒组成，其作用在于增大液滴在圆筒表面的聚结面积。

图 4-12（c）为波纹板除雾器，主要由一系列固定的波纹板重叠构成。由于气流方向在波纹板上的不断变化，最终液滴与波纹板碰撞而聚结在波纹板上被分离出来。在图 4-13 所示的卧式三相分离器中，主要利用了波纹板除雾器的作用。

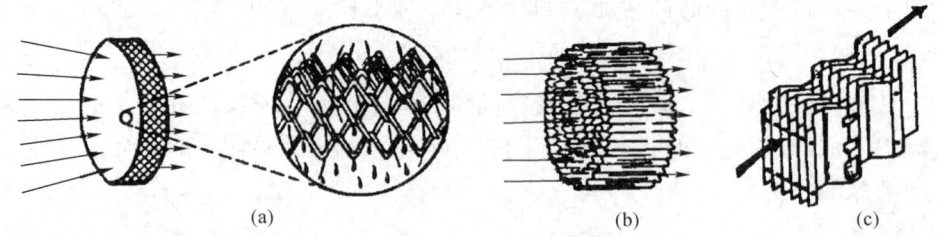

图 4-12 三种常用的除雾器结构
(a) 网垫除雾器；(b) 拱板除雾器；(c) 波纹板除雾器

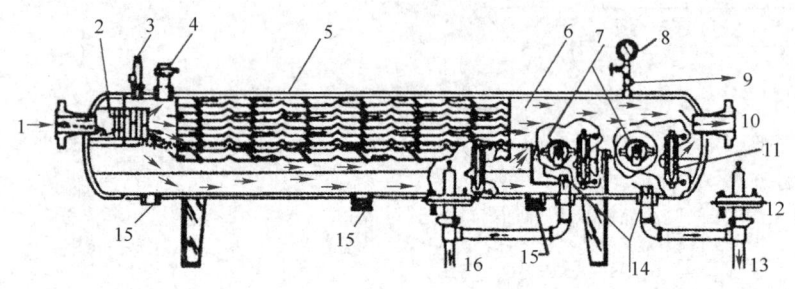

图 4-13 卧式三相分离器结构图

1—油气水混合物入口；2—入口分流器；3—安全阀；4—保安装置接口；5—除雾器；
6—原油脱气区；7—快速液位调节器；8—压力表；9—仪表用气出口；
10—气体出口；11—液位计；12—膜片阀；13—污水出口；
14—防涡流板；15—排污口；16—原油出口

五、分离器检验标准

油气分离器工作的好坏以分离质量和分离程度来衡量。

分离质量是指分离器出口处单位气体所带液量的多少。它反映了分离器主要分离部分即沉降分离和除雾器的工作情况，分离出的气体中带液量越少分离质量越好。分离质量用百分数 K 来表示：

$$K = V_{液}/V_{气} \times 100\%$$

式中　K——分离质量，%；

$V_{液}$——出气口排出的气体所携带的液体体积，m^3；

$V_{气}$——出气口排出的气体体积，m^3。

分离程度是指分离器在分离的温度、压力下，从其出液口中排出的液体所携带的游离气体积和液体体积的比值，用百分数 S 来表示：

$$S = V_{气}/V_{液} \times 100\%$$

式中　S——分离程度，%；

$V_{气}$——出液口流出的液体所携带的游离气体积，m^3；

$V_{液}$——出液口流出的液体体积，m^3。

分离程度是反映分离器集液部分结构的完善程度。分离程度差，还将引起输油管窜气，影响容积式流量计和离心泵的正常工作。

过高地要求分离质量和分离程度将导致分离器结构复杂，外形尺寸增大，占用面积、空间增大，投资费用将大幅度上涨。我国规定的分离器工作标准是：

$$K \leqslant 0.5 \text{cm}^3/\text{m}^3$$

$$S \leqslant 0.05 \text{cm}^3/\text{m}^3$$

六、分离器常见故障、产生原因及处理措施

分离器常见故障、产生原因及处理措施如表 4-2 所示。

表 4-2 分离器常见故障、产生原因及处理措施

故障名称	产生原因	处理措施
操作压力过高	①天然气管线冻结或严重堵塞 ②压力控制系统失灵 ③报警系统失灵	①通过设备上压力表核实，进行解堵或解冻即可 ②检查处理压力控制系统 ③检修报警系统
操作压力过低	①管线或容器渗漏 ②压力控制系统失灵 ③报警系统失灵	①切换流程或停产检修 ②检修压力控制系统 ③检修报警系统
液位过高	①液体排出管线堵塞 ②液位控制系统失灵 ③报警系统失灵	①切换流程或停产检修 ②检修调节阀，走旁通手动控制 ③检修报警系统
液位过低	①容器或管线渗漏 ②液位控制系统失灵 ③报警系统失灵	①切换流程或停产检修 ②检修调节阀，走旁通手动控制 ③检修报警系统
分离效果降低，气相带液	①操作液位过高，分离空间不够 ②内部元件垮塌，无法拦击液滴 ③捕集丝网损坏	①检修调节阀，走旁通手动控制 ②切换流程或停产检修 ③更换除雾器

第二节　换热设备

在油气生产中，随时随地都会遇到热量传递的问题。例如：天然气在常温集气过程中为防止节流后导致低温生成水合物，而需对天然气加热；在低温集气站为了降低天然气的温度并回收冷量，需对原料气与产品气进行换热；在蒸发、精馏、干燥等单元操作中，需要按一定速率输入或输出热量以实现正常的操作等。完成以上功能而普遍采用典型的工艺设备就是加热换热设备（简作换热设备），统称换热器。

换热设备的作用是实现热量的传递，使热量由高温流体传给低温流体。虽然换热设备的种类、型式很多，但都需具备以下基本功能：

——实现热量交换，即在确定的流体之间，在一定时间内交换一定数量的热量；

——实现热量回收，用于余热利用；

——保证系统安全，即防止温度升高而引起压力升高造成某些设备被破坏或引发事故。

对换热设备的基本要求是满足换热要求，达到需要的换热量和热媒温度，合理地实现所规定的工艺条件；换热设备的热损失少，换热效率高；结构合理，工作安全可靠；便于制造、安装、操作与维修；经济合理等等。以上要求常常相互制约，难以同时满足，因此应视具体情况，满足工程对换热设备的主要要求。

一、换热设备的分类

换热设备通常按照用途、传热原理及换热方法来进行分类。

1. 按用途进行分类

换热设备按热量回收用途的不同，可以分为加热器、冷却器、蒸发器、再沸器、冷凝器、余热锅炉等。

2. 按传热方式进行分类

按传热方式的不同，可将换热设备分为混合式换热器、蓄热换热器式和间壁式换热器。

1）混合式换热器

这类换热器主要应用于气体的冷却，有时兼作除尘、增湿或减湿等用。其特点是利用冷、热流体直接接触与混合的作用进行热量的交换，传热效果好。混合式换热器常做成塔状，结构简单，易于防腐蚀，价格便宜。

图 4-14 是一隔板混合式冷却塔示意图。

2）蓄热式换热器

在这类换热器中，装有固体填充物如耐火砖等，冷、热两流体交替地流过换热器，通过耐火砖或填料等蓄热体来完成热量传递。蓄热式换热器通常由两个并联的蓄热器组成并交替使用，如图 4-15 所示。首先热流体通过换热器，把热量积蓄在蓄热体中，然后再让冷流体通过，把热量带走。由于两种流体交变转换输入，不可避免地存在小部分流体掺混的现象，造成流体的"污染"。蓄热式换热器结构紧凑，价格便宜，单位体积传热面积大，故较适合用于气—气热交换的场合。其中蓄热式裂解炉就是比较典型的蓄热式热交换器。

3）间壁式换热器

这是工业中最为广泛应用的一类换热器。其特点是冷、热两流体被固体壁面隔开，不相混合，通过间壁进行热量的交换。按照传热面的形状与结构特点它又可分为：

①管式换热器，如套管式、螺旋管式、管壳式、热管式等。

②板面式换热器，如板式、螺旋板式、板壳式等。

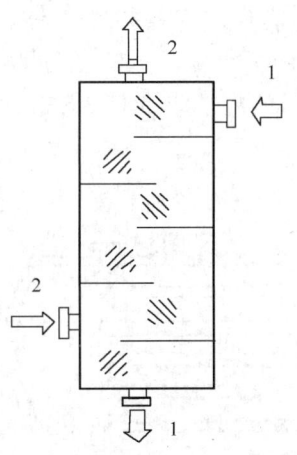 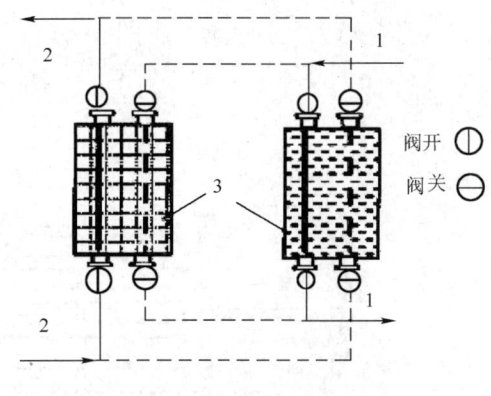

图 4-14 隔板混合式冷却塔示意图　　　　图 4-15 蓄热式换热器
1—冷流体；2—热流体　　　　　　1—冷流体；2—热流体；3—蓄热体

③扩展表面式换热器，如板翅式、管翅式、强化的传热管等。

在天然气集输系统中，广泛采用间壁式换热器。本节将在后面详细介绍天然气集输中常用的间壁式换热器。

3. 按所用材料进行分类

1) 金属材料换热器

金属材料换热器由金属材料制成，常用的金属有碳钢、合金钢、不锈钢、铜、铝等。因金属材料的导热系数较大，其传热效率较高。

2) 非金属材料换热器

非金属材料换热器由非金属材料制成，常用的材料有塑料、石墨、陶瓷、玻璃等。此类换热器耐腐蚀，但导热系数较小，传热效率较低。

二、天然气集输系统常用换热器

1. 管壳式换热器

管壳式换热器的应用已有很悠久的历史。一般来说，管壳式换热器制造容易，生产成本低，选材范围广，清洗方便，适应性强，处理量大，工作可靠，能适应高温高压，因而，它作为一种传统的标准换热设备被大量使用。

图 4-16 为一种最简单的管壳式换热器的示意图。它由许多管子组成管束，管束构成换热器的传热面。因此，此类换热器又称为列管式换热器。换热器的管子固定在管板上，而管板又与外壳连接在一起。为了增加流体在管外空间的流速，以提高换热器壳程的传热系数，改善换热器的传热情况，在筒体内间隔安装了许多折流板。换热器的壳体和两侧管箱上开有流体的进出口，有时还在其上装设有检查孔，作为安置仪表用的接口管、排液孔和排气孔等。在换热器中，一种流体从一侧管箱（称为前管箱）流进管子里，经另一侧管箱（称为后管箱）流出（对奇数单管程换热器），或绕过管箱，流回进口侧前管箱流出（对偶数单管程

换热器），这条路径称为管程。另一种流体从筒体上的连接管进入换热器壳体，流经管束外流出，这条路径称为壳程。图4-16所示即为二管程、单壳程，工程上称为1-2型换热器（1表示壳程数，2表示管程数）。同样，在换热器筒体内加纵向挡板也能得到多壳程结构。

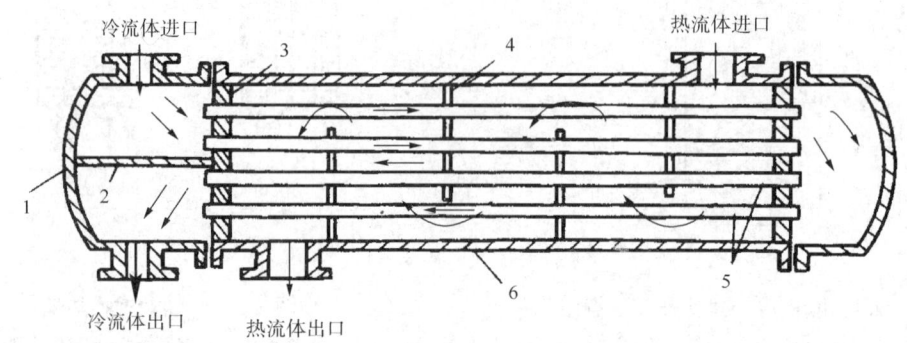

图4-16　管壳式换热器示意图
1—封头；2—隔板；3—管板；4—挡板；5—管子；6—外壳

管壳式换热器根据管子与管板连接、管板与壳体固定的方式不同又可分为固定管板式、浮头式、U形管式、填料函式、折流杆式等。

1) 固定管板式换热器

固定管板式换热器的两端管板采用焊接方法与壳体连接固定，如图4-17所示。这种换热器结构简单，在相同的壳体直径内，排管最多，比较紧凑。由于2个管板被换热管互相支撑，与其他管壳式换热器相比，管板最薄，不仅造价低而且每根管子内侧都能进行清洗。但壳侧清洗较难，不能进行机械清洗，所以宜用于不易结垢的流体。当管束和壳体之间的温差太大而产生不同的热膨胀时，常会使管子与管板的接口脱开，从而发生介质泄漏。由此可见，这种换热器适合于温差不大以及壳程结垢不严重或能用化学清洗的场合。由于此类换热器集中了管壳式换热器的优点，因此应用相当广泛。

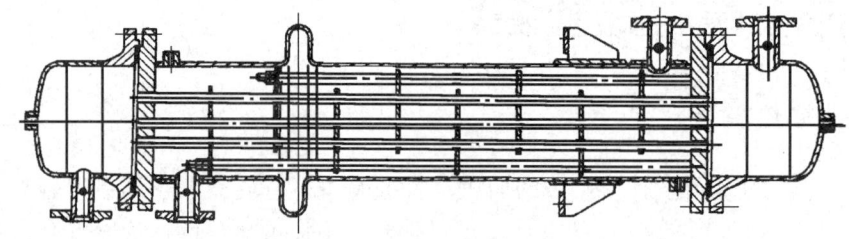

图4-17　固定管板式换热器

2) 浮头式换热器

浮头式换热器如图4-18所示。该类换热器针对固定管板式换热器的缺陷在结构上作了改进，两端管板只有一端与壳体固定，而另一端的管板可以在壳体内自由移动，该端称为浮头。这类换热器壳体和管束对热膨胀是自由的，故当两种介质温差较大时，管束与壳体之间不产生温差应力。浮头端设计成可拆结构，使管束可以容易地插入或抽出（也有设计成不可拆的），这样为检修、清洗提供了方便。

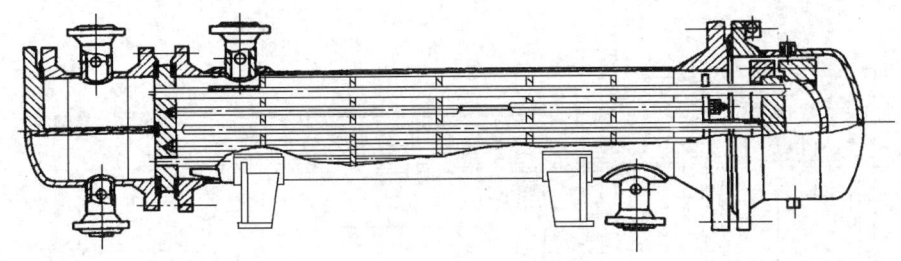

图 4-18 浮头式换热器

浮头式换热器适用于管壳壁间温差较大，或易于腐蚀和易于结垢的场合。但这类换热器结构复杂、笨重，造价约比固定管板式高 20% 左右，材料消耗大。

3) U 形管式换热器

U 形管式换热器如图 4-19 所示。该类换热器仅有一块管板，它是将管子弯成 U 形，管子两端固定在同一块管板上。由于壳体和管子分开，管束可以自由伸缩，不会因管壁、壳壁之间的温度差而产生热应力，热补偿性能好。管程为双管程，流程较长，流速较高，传热性能好，承压能力强。因 U 形管式换热器仅有一块管板，且无浮头，所以结构简单，造价比其他换热器便宜，管束可以从壳体内抽出，管外便于清洗。但管内清洗困难，所以管内的流体必须是清洁及不易结垢的物料。

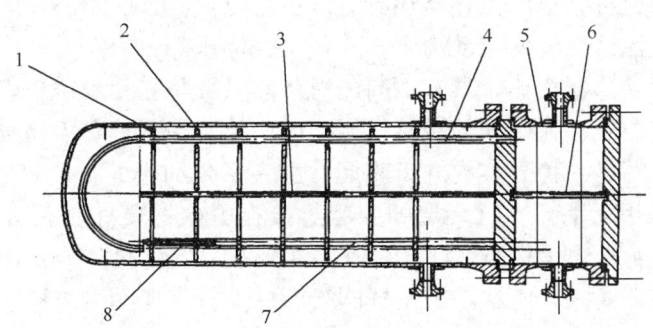

图 4-19 双壳程 U 形管式换热器
1—盘环形折流板环板；2—盘环形折流板盘板；3—纵向隔板；4—换热管；
5—管箱；6—分程隔板；7—定距管；8—拉杆

U 形管式换热器一般用于高温高压的情况。壳程内也可根据工艺要求设置纵向隔板组成双壳程换热器，以增加壳侧介质流速，提高换热设备的传热效果。

4) 填料函式换热器

对于一些腐蚀严重、温差较大而经常要更换管束的换热器，采用填料函式换热器要比浮头式或固定式换热器优越得多。它具有浮头式换热器的优点，又克服了固定式换热器的缺点，结构较浮头简单，制造方便，易于检修清洗。

填料函式换热器的管板也仅有一端与壳体固定，另一端采用填料函密封，如图 4-20 所示。它的管束也可以自由膨胀，所以也不需考虑由于管壁、壳壁温度差引起的热应力，且管程和壳程都能清洗，加工制造较浮头方便，且造价较低。但由于填料密封处易于泄漏，故壳程压力不能过高，也不宜用于壳程内为易挥发、易燃、易爆和有毒介质的场合。

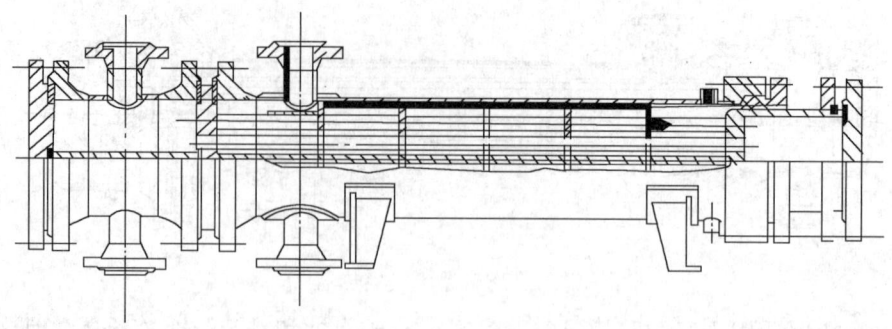

图 4-20 填料函式双壳程换热器

目前所使用的填料函式换热器都较小，使用在直径 700mm 以下。大直径填料函式换热器采用得很少，尤其在操作压力及温度较高的条件下就更少。

5）折流杆式换热器

折流杆式换热器 1970 年由美国菲利浦石油公司首创，最初是为了改善常规的板式折流板换热器的流体诱导振动而设计的。在这种结构中，支撑管子的折流杆与管子几乎不存在间隙，管束中每根传热管的上、下、左、右都得到了可靠的支撑，而且从根本上改变了流体的流动状况；变折流板换热器的横向流动为平行于管子的轴向流动，从而消除了产生液体诱导振动的根源。采用此种结构的换热器还具有以下特点：

——由于壳侧流体以轴向流动为主，降低了壳侧压降；

——与折流板换热器相比，具有更高的总传热系数与壳程单位压降的传热特性比；

——在换热器内不存在严重的滞流区域，因而效益高，具有不易结垢的优点。

折流杆式换热器是一种壳体内的折流元件由一系列细小的折流杆组成的管壳式换热器。这些细小的折流杆相互平行、以一定的间距焊接在由棒材或杆材制成的外环上，形成折流圈，如图 4-21 所示。每一根折流圈相隔一定距离按一定的排列分别焊接或用普通的定距管固定于拉杆上形成图 4-22 所示的折流杆网络。这些折流杆网络与换热管一起组成了折流杆换热器的主体结构（折流杆管束）。

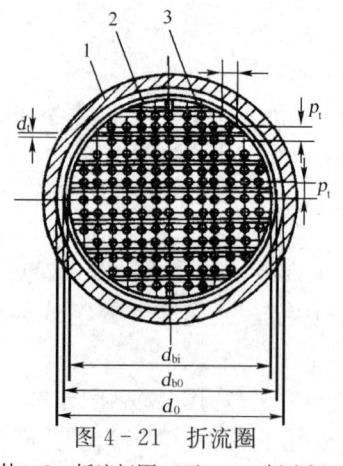

图 4-21 折流圈

1—壳体；2—折流杆圈（环）；3—折流杆；d_{bi}、d_{bo}、d_0—折流杆环的内径、外径和管束外径；d_t—折流杆的直径；p_t—管子中心距

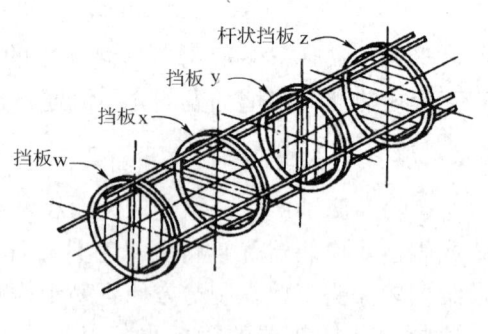

图 4-22 折流杆组装示意图

由于折流杆换热器具有压降低、传热特性比高的优点，自第一台折流杆换热器问世以来，已在各种行业得到广泛的应用。

2. 板式换热器

板式换热器包括板片式、板翅式和螺旋板式三种结构，它们通常也被共称为紧凑式换热器。其中应用最广的是板片式换热器，简称为板式换热器。

1) 板式换热器

自1878年德国人发明了板片式换热器（现在通常称之为板式换热器）以来，经过了50余年的发展，在工业应用中显示出了优异的性能，得到了广泛的推广应用。板式换热器的基本构造如图4-23所示。

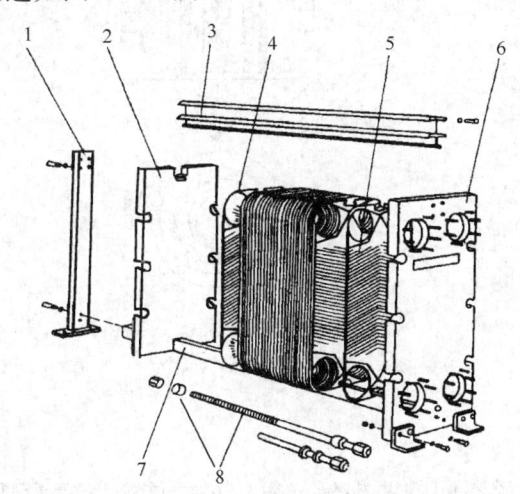

图4-23 板式换热器的构造
1—前支柱；2—活动压紧板；3—上导杆；4—垫片；5—板片；
6—固定压紧板；7—下导杆；8—压紧螺栓、螺母

在这种换热器中，板片是传热元件，一般由0.6~0.8mm的金属板压制成波纹状，波纹板片上贴有密封垫圈。板片按设计的数量和顺序安放在固定压紧板和活动压紧板之间，然后用压紧螺栓和螺母压紧，上、下导杆起着定位和导向作用。固定压紧板、活动压紧板、导杆、螺栓、螺母、前支杆可统称为板式换热器的框架；众多的板片、垫片可称为板束。可见，板式换热器零部件品种少，且通用性极强，利于批量生产和使用维修。

板式换热器具有总传热系数高、占地面积小、能实现多种介质换热、温差小和使用方便的优点，但能承受的工作压力较低（一般低于2.5MPa），当含有较大固体颗粒或纤维时，流道易堵塞。

2) 板翅式换热器

20世纪30年代英国马儿斯顿·艾克歇尔瑟公司首先生产了铜制钎焊的板翅式换热器。随着研究、试验、设计与制造的有力推进，目前这种换热器已经广泛应用于许多领域。

板翅式换热器的基本构造如图4-24所示。它由隔板、翅片、封条、导流片组成，在相邻两隔板之间放置翅片、导流片及封条组成一夹层，称为通道。将这样的夹层根据流体的不同方式，钎焊成一整体便组成板束。板束是板翅式换热器的核心，配以必要的封头、接管、支承等，就组成了板翅式换热器。

板翅式换热器具有较高的传热效率，它在单位体积内的传热面积一般都能达到$2500m^2/m^3$，最高可达

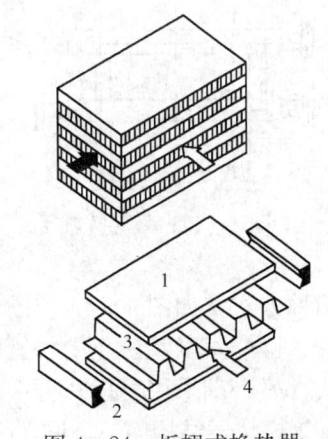

图4-24 板翅式换热器
1—隔板；2—封条；3—翅片；4—流体

4370m²/m³，是管壳式换热器的十几倍。该换热器通常用铝合金制造，结构紧凑、体积小、质量轻；同时，因为翅片是板翅式换热器的基本元件，它既是主要的传热面，又是两板的支撑，故强度高。它既可用作气和气、气和液、液和液的热交换，也可用作冷凝和蒸发。但由于该换热器的流道小，容易产生堵塞，堵塞后又不易清洗，故要求所处理的物料应清洁，或在进入换热器前先进行过滤。

3）螺旋板式换热器

螺旋板式换热器是由两张平行的钢板卷制而成、具有两个螺旋通道的螺旋体，并在其上装有端盖和接管等零部件构成，如图4-25所示。它是紧凑式换热器的典型代表，热流体通过中心接管直接进入螺旋板式换热器的内部，两侧螺旋通道一般为等截面矩形。

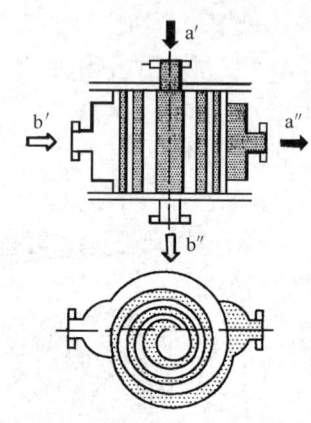

螺旋板式换热器的主要特点是传热效率高，制造简单，散热损失小，材料利用率高。特别是若螺旋通道内流体速度设计合理，则非纤维状的杂物难以在螺旋板表面存留，因此该换热器自洁能力强，适用于处理含固体颗粒或纤维的悬浮液以及其他高粘性介质。

图4-25 螺旋板式换热器

a′、b′—a、b流体进入换热器；a″、b″—a、b流体离开换热器

3. 套管换热器

当介质流量很小，而操作压力和温度却较高时，可考虑选用套管换热器。套管换热器由直径不同的两根标准管组成的同心套管为基体，内管用U形弯头连接，外套管直管连接，整个蛇形套管固定在支架上，如图4-26所示。

套管换热器每一段直套管简称为一程，程数可以按传热面积大小而随意增减。每程的长度一般取4～6m。若管子过长，无支撑的管子中部就会因重力而向下弯曲，造成流体在套管环隙内流动不均匀，影响传热效果。

套管换热器使用时，冷、热流体分别流过内管和环形通道，两流体呈逆向流动，热流体由上向下流动，冷流体由下向上流动，并实现热交换。如内管通过需加热的天然气，外管通过蒸汽，它在结构上很有利于形成完全的逆流方式传热。

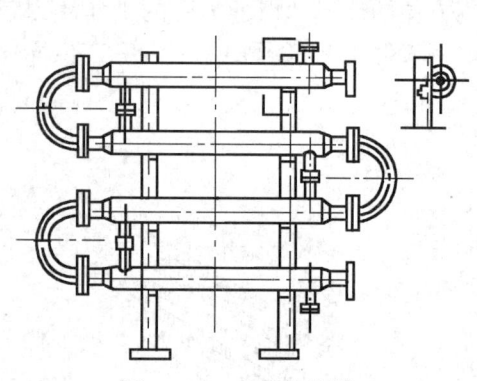

图4-26 套管换热器

套管式换热器的外管与内管的连接有可拆和不可拆两种方式，如图4-27和图4-28所示。为了使内外管之间的环形空间即蒸汽通道能进行清洗、检修，以及防止内外管之间由于温差所引起的热应力，内外管之间的连接一端采用不拆式，另一端采用可拆式。

套管换热器结构简单，制造、拆装方便，管程可流通高压介质，天然气流通内管可以采用与集输管线相同材质和相同直径的管子，因而在油气集输系统应用较多。但该设备管接头多，

容易泄漏，环形通道难于清洗，制造成本高，单位传热面积的金属耗量大，对于大容量的换热器更显得笨重和不经济，因而其适合于传热面积较小（10~12m²）和流量不大的场合。

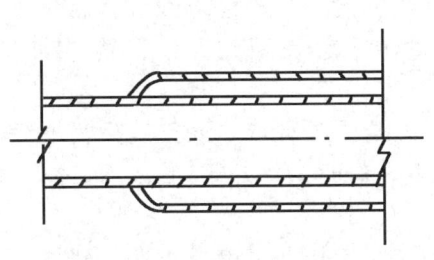
图 4-27 不可拆接头形式

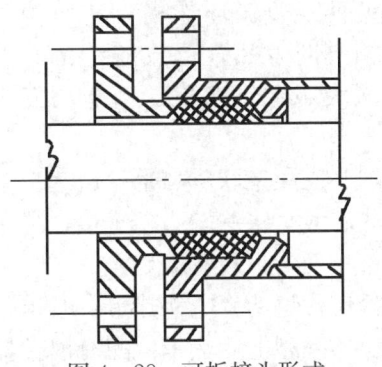
图 4-28 可拆接头形式

三、电热带

在天然气集输系统中，电热带在现场上已逐步在推广使用。一般采用电热带来作为地面管线和设备的电伴热产品。

电热带伴热系统主要由电源、电热带、温控器（恒功率式电热带）或恒温器（变功率式电热带）以及接线盒、二通、三通、尾端等附件构成。其中电热带是发热部件，按其作用方式可分为恒功率电热带和变功率电热带。

1. 恒功率电热带

恒功率电热带又分为并联式和串联式。恒功率并联式电热带的外形和结构原理分别如图4-29和图4-30所示。图4-29中，RDP_2型表示并联电热带（RDP），芯线数为2，工作电压为220V。RDP_3型表示并联电热带（RDP），芯线数为3，工作电压为380V。

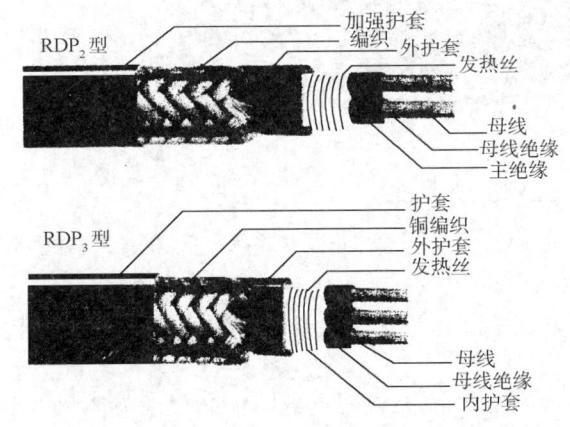

图 4-29 恒功率型电热带外形

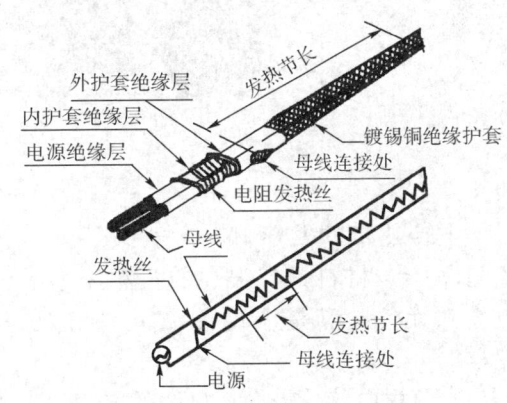

图 4-30 单相恒功率电热带构造示意图

恒功率单相并联电热带，电源母线为两根平行绝缘线，在绝缘层上缠绕电热丝，并将电热丝每隔一定距离（即发热节长）与母线连接，形成连续的并联电阻。母线接通后，各并联电阻发热，因而形成一条连续的加热带。由于恒功率单相并联电热带散热面积较小，常适用于短距离小口径管道和体积较小的设备伴热。

恒功率三相并联电热带，结构类似恒功率单相并联带，但电源母线为3根平行绝缘线，绝缘层上的电热丝每隔一定相等距离（即发热节长）使电热丝依次分别与3根电源母线两两反复循环连接，在每两相间形成并联电阻。当母线接通380 V电压后，各并联电阻同时发热，形成连续的三相供电伴热带。由于它有3根母线，产品外形更趋扁平，增大了散热面积，且能均衡电网负载，常适用于较长距离大口径管道和容器的伴热。

恒功率三相串联电热带一般为三芯结构，3根相同结构的平行绝缘绞线作为电源母线，也为发热芯线，将一端可靠短接，另一端通380V三相电，形成一星形负载。但该电热带发热量小且不均匀，较少应用。

无论何种恒功率电伴热带，其单位长度发热量恒定，适用于温度要求非常严格的场所。因此，恒功率型电伴热带应配有温控器来监控其温度，当温度过高时切断电路。电伴热带外层的编织层不仅起着传热和散热的作用，还可提高电伴热带的整体强度，同时作为安全的接地线。恒功率电伴热带最大特点是总的启动电流比较小，在运行过程中基本上无功率衰减。

恒功率电热带热量稳定并且与长度成正比，使用的伴热带越长，输出的总功率越大。当电热带交叉安装时局部管线温度有可能超过其最高承受温度，而且电热带若有局部损坏，将影响其他部位的使用。此外，恒功率伴热带还受节长的限制，利用率较低。

2. 变功率电热带

变功率电热带又称自限式电热带。变功率是指电热带的输出功率随被伴热介质温度的升高而下降，反之则增加。变功率电热带工作原理如图4-31所示。自限式电伴热带有单相和两相之分。单相自限式电热带一般是由2根平行母线和导电塑料外加绝缘层构成，无单独发热丝。

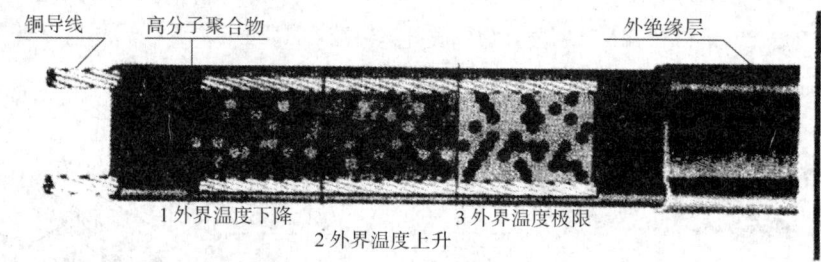

图4-31 变功率电热带工作原理图

电伴热带的发热材料一般为导电塑料，也有PTC合金、PTC高分子材料、PTC陶瓷材料。该材料具有很高的正温度系数，常称PTC伴热带。具有PTC特性的材料既是电发热元件，又是温度测量元件和功率调整元件，因此使用该电伴热带不需设置温控器。

在每根电伴热带内，母线的电阻随温度的变化而变化。当伴热带周围的温度变冷时，导电塑料产生微分子的收缩而使炭粒连接成电路，电流流经这些电路使伴热带发热；当温度升高时，导电塑料产生微分子的膨胀，炭粒渐渐分开，引起电路中断，电阻上升，伴热带自动减少功率输出。这种电伴热带的功率随周围温度的变化而变化。

变功率电热带是整体发热，允许任意交叉重叠，并且在现场安装时可任意截其长度从而减少不必要的浪费。另外，电热带由无数并联结构组成，即使有局部损坏，也不影响其他部分的使用。自限式电热带伴热的性能是由制造它的 PTC 材料决定的，伴热温度受到限制，同时生产加工能力也制约了其长度（一般不到千米），因此自限式电伴热带可适用于短距离、伴热温度不高的管道伴热。

四、常见换热设备故障、原因分析及处理措施

1. 管壳式换热器常见故障与处理方法

管壳式换热器常见故障及处理方法如表 4-3 所示。

表 4-3 管壳式换热器常见故障与处理方法

故障名称	产生原因	处理方法
传热效率下降	①列管结疤和堵塞 ②壳体内不凝气或冷凝液增多 ③管路或阀门有堵塞	①清洗管子 ②排放不凝气或冷凝液 ③检查清理
发生震动	①壳体介质流速太快 ②管路震动引起 ③管束与折流板结构不合理 ④机座刚度较小	①调节进气量 ②加固管路 ③改进设计 ④适当加固
管板与壳体连接处发生裂纹	①焊接质量不好 ②外壳歪斜，连接管线拉力或推力太大 ③腐蚀严重，外壳壁厚减薄	①清除补焊 ②重新调整找正 ③鉴定后修补
管束和胀口渗漏	①管子被折流板磨破 ②壳体和管束温差过大 ③管口腐蚀或胀接质量差	①用管堵堵死或换管 ②胀接或焊接 ③换新管或补胀

2. 板式换热器常见故障与处理方法

板式换热器常见故障及处理方法如表 4-4 所示。

表 4-4 板式换热器常见故障与处理方法

故障名称	产生原因	处理方法
密封垫处渗漏	①金属垫未放正或变形 ②螺栓紧固力不均匀或紧固力小 ③金属垫有损伤	①重新组装 ②紧固螺栓 ③更换新垫
内部介质渗漏	①波纹板有裂纹 ②进出口密封垫不严密 ③侧面压板腐蚀	①检查更新 ②检查修理 ③补焊、加工
传热效率下降	①波纹板结疤严重 ②过滤器或管路堵塞	①解体清理 ②清理

第三节 塔 设 备

塔是天然气集输工程中的重要设备之一。它可使气（或汽）液或液液两相之间进行紧密接触，达到相际传质及传热的目的。可在塔中完成的常见单元操作有精馏、吸收、解吸、萃

取和气体增湿等。

塔作为主要用于传质过程的设备,首先必须使气(汽)液两相能充分接触,以获得较高的传质效率。此外,为满足生产的需要,塔设备还必须满足下列各项要求:

①生产能力大。在较大的气(汽)液负荷下,不致发生大量的雾沫夹带、拦液或液泛等破坏正常操作的现象。

②操作稳定、弹性大。当塔设备的气(汽)液负荷量有较大的波动时,仍能保持稳定和较高的传质效率。

③流体流动的阻力小,即流体通过塔设备的压力降小。这将大大节省生产中的动力消耗,从而降低生产运行费用。

④结构简单,材料耗用量小,制造和安装容易。

⑤耐腐蚀和不易堵塞,方便操作、调节和检修。

事实上,对于现有的任何一种塔型,都不可能完全满足上述的所有要求,仅是在某些方面具有独到之处。塔设备经过长期发展,形成了型式繁多的结构和种类。按操作压力可将塔设备分为加压塔、常压塔和减压塔;按单元操作可分为精馏塔、吸收塔、解吸塔、萃取塔、反应塔和干燥塔;最常用的分类是按塔的内件结构分为板式塔(图4-32)和填料塔(图4-33)两大类。

在板式塔中,塔内装有一定数量的塔盘,气体以鼓泡或喷射的形式穿过塔盘上的液层使两相密切接触,进行传质。两相的组分浓度沿塔高呈阶梯式变化。按塔盘类型不同,板式塔又可分为泡罩塔、浮阀塔、筛板塔和舌形塔等。

在填料塔中,塔内装填一定段数和一定高度的填料层,液体沿填料表面呈膜状向下流动;作为连续相的气体自下而上流动,与液体逆流传质。两相的组分浓度沿塔高呈连续变化。

一、板式塔

板式塔是一种应用极为广泛的气液传质设备。它由一个通常呈圆柱形的壳体及其中按一定间距水平设置的若干块塔板所组成。板式塔正常工作时,液体在重力作用下自上而下横向通过各层塔板后由塔底排出;气体在压差推动下,经均布在塔板上的开孔由下而上穿过各层塔板后由塔顶排出。在每块塔板上皆贮有一定的液体,气体穿过板上液层时,两相进行接触传质。

目前,我国常用的板式塔有泡罩塔、筛板塔、浮阀塔和舌形塔等。

1. 泡罩塔

泡罩塔是历史悠久的板式塔,长期以来,在蒸馏、吸收等单元操作所使用的塔设备中,曾占有主要地位。近年来由于塔设备有很大的进展,出现了许多性能良好的新塔型,才使泡罩塔的应用范围和在塔设备中所占的比重有所减小。

泡罩塔的主要结构包括泡罩、升气管、溢流管及降液管。如图4-34所示,它是在每层塔板上装有若干短管作为上升气体通道,称为升气管。由于升气管高出液面,故板上液体不会从中漏下。升气管上覆以钟形泡罩,泡罩下部周边开有许多齿缝。正常操作中,齿缝浸没于板上液层之中,形成液封。上升气体通过齿缝被分散成细小的气泡或流股进入液层,板上

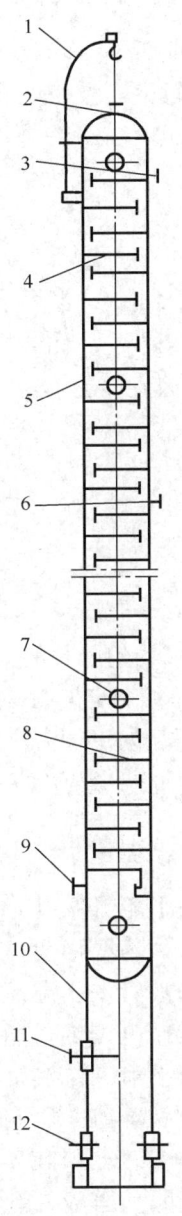 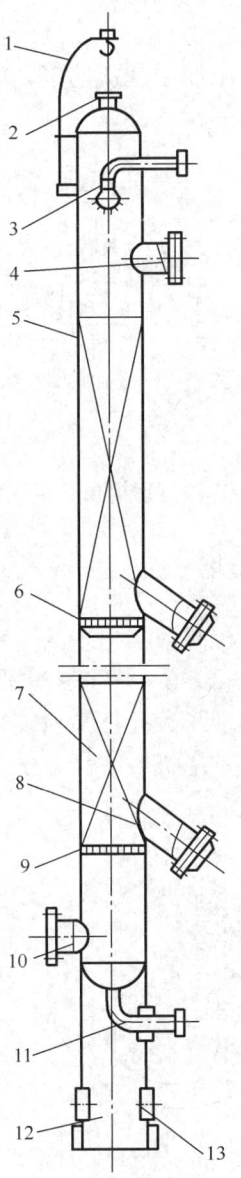

图 4-32 板式塔
1—吊柱；2—气体出口；3—回流液入口；4—精馏段塔盘；5—壳体；6—料液进口；7—人孔；8—提馏段塔盘；9—气体入口；10—裙座；11—釜液出口；12—检查孔

图 4-33 填料塔
1—吊柱；2—气体出口；3—喷淋装置；4—人孔；5—壳体；6—液体再分配器；7—填料；8—卸填料人孔；9—支承装置；10—气体入口；11—液体出口；12—裙座；13—检查孔

鼓泡液层或充气的泡沫体为气、液两相提供了大量的传质界面。液体通过降液管流下，并依靠溢流堰以保证塔板上存有一定厚度的液层。泡罩是泡罩塔最主要的部件，形式很多，常用的泡罩已经标准化。目前应用最多的是具有矩形或梯形齿缝，底部有缘圈、结构可拆的圆泡罩，如图 4-35 所示。

泡罩塔的优点是：不易发生漏液现象；操作弹性较大，在负荷变动范围较大时仍能保持较高的效率；液气比的范围大；塔板不易堵塞，能适应多种介质。主要缺点是：结构复杂，金属耗量大，造价高，安装维修不易；板上液层厚，气体流径曲折，压降大，且雾沫夹带现象较严重，限制了气流速度，故生产能力不大；板上液流阻力较大，致使液面落差大，气体分布不均，效率不高。

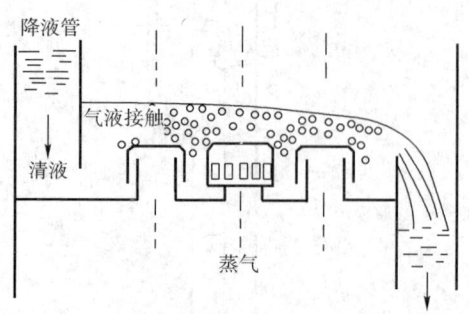

图4-34 泡罩塔板操作状态示意图

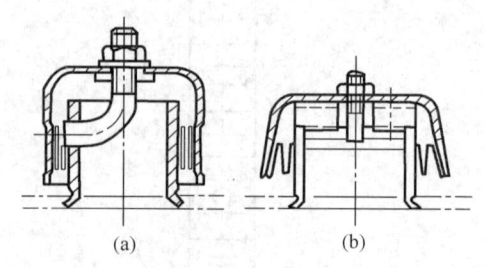

图4-35 圆泡罩

2. 筛板塔

筛板塔也是很早出现的一种板式塔。它是在塔板上开有许多均匀分布的筛孔。常用的筛孔孔径为3～8mm，按正三角形排列，孔间距与孔径的比为2.5～5。近年来对筛板塔的研究发展，也出现了大孔径筛板，孔径可达20～25mm。与泡罩塔相比，筛板塔具有下列优点：生产能力大，塔板效率高，压力降低，而且结构简单，塔盘造价减少40%左右，安装、维修都较容易。

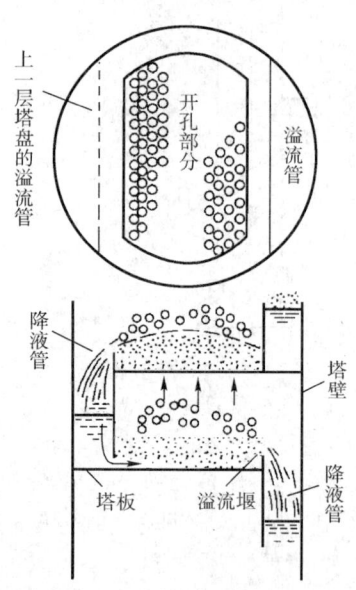

图4-36 筛板塔的构造

筛板塔的构造如图4-36所示：中间是开有筛孔的鼓泡区；鼓泡区一边的弓形面积上不开筛孔，用来接受从上一塔板降液管中流下的液体，称为受液盘；鼓泡区另一边的弓形面积是设置溢流堰和降液管的。溢流堰可使板上维持一定深度的液层，在正常操作范围内，通过筛孔上升的气流，应能阻止液体经筛孔向下泄漏。在受液盘和塔板开孔区之间，有一个约70mm左右宽度的不开筛孔的塔板区，使降液管底部流出的清液能均匀地分布在整个塔板上，并避免气泡窜入降液管。在溢流堰和塔板开孔区之间也留有一个约70mm不开孔的塔板宽度，以减少气泡随溢流液带入降液管，并且可使液体溢流稳定。在开孔区和塔壁之间，留有约25～50mm不开孔的边缘区，以便在塔圈上固定塔板之用。

与泡罩塔操作情况类似，液体从上一层塔盘的降液管流下，横向流过塔盘，经溢流堰进入降液管，流入下一层塔盘，并依靠溢流堰来保持塔盘上的液层高度。蒸气自下而上穿过筛孔时，分散成细小的流股，在板上液层中鼓泡而出，与液体密切接触。在此过程中进行相际的传热和传质。

筛板塔的优点是结构简单，制造方便，成本低；气体压降小，板上液面落差也较小，其生产能力大，板效率高。其缺点是弹性较小，小孔筛板容易堵塞。

3. 浮阀塔

浮阀塔是20世纪50年代发展起来的，以完成加压、常压、减压下的精馏、吸收、脱吸等传质过程。现在，大型的浮阀塔塔径已可达10m，塔高达83m，塔板数有数百块之多。浮阀塔在泡罩塔的基础上取消了升气管；在管板开孔的上方设有浮动的盖板——浮阀，浮阀可随气体负荷的大小而自行调整，即气体负荷在一个相当大的范围内变动时，只发生阀片开度的相应变化，而气体仍以足够气速通过环隙，为气液提供良好的传质条件。

浮阀的型式有多种，如图4-37所示。其中F1型浮阀用得最普遍，如图4-37（a）所示。它制作方便，性能良好。它分为轻阀和重阀，轻阀的阀片厚约1.5mm，重约25g，操作时惯性小，稳定性差，多用于要求压降小的系统；重阀的阀片厚约2mm，重约33g，操作时比轻阀稳定。V4型浮阀如图4-37（b）所示，其特点是阀孔被冲成向下弯曲的文丘里形，用以减小气体通过塔板时的压强降。V4型浮阀适用于减压系统。T型浮阀的结构比较复杂，如图4-37（c）所示。此型浮阀是借助固定于塔板上的支架来限制拱形阀片的运动范围，多用于易腐蚀、含颗粒或易聚合的介质。

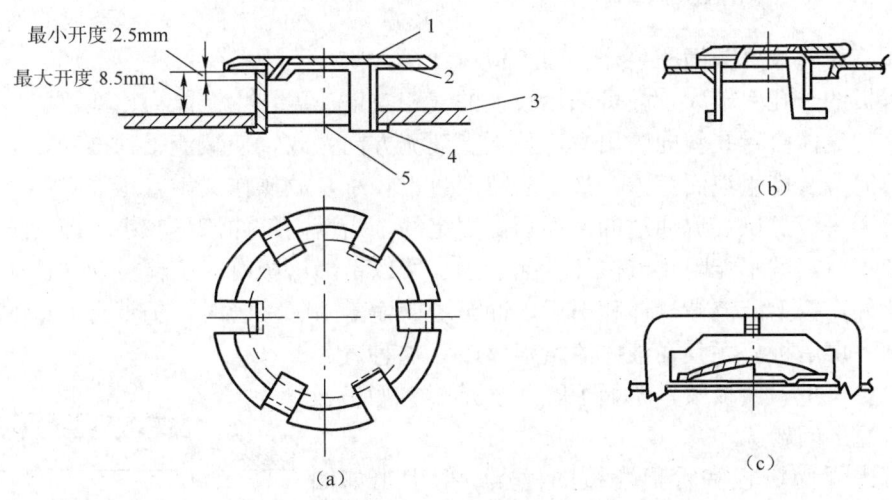

图4-37 几种浮阀型式
(a) F1型浮阀；(b) V4型浮阀；(c) T型浮阀
1—阀片；2—定距片；3—塔板；4—底脚；5—阀孔

阀片本身有三条腿，插入阀孔后将各腿底脚扳转90°即可，用以限制操作时阀片在板上升起的最大高度（8.5mm）。阀片周边又冲出三块略向下弯的定距片，使阀片处于静止位置时仍与塔板间留有一定的缝隙（2.5mm），这样，当气量很小时气体仍能通过缝隙均匀地鼓泡，避免了阀片启、闭不稳定的脉动现象。同时由于阀片与塔板板面是点接触，可以防止阀片与塔板间的粘着和腐蚀。

操作时，液相流程和前面介绍的泡罩塔一样，气相则经阀孔上升顶开阀片，穿过环形缝隙，再以水平方向吹入液层形成泡沫。随着气速的增减，浮阀能在相当宽的范围内稳定操作，因此目前获得较广泛的应用。

浮阀塔板结构简单、制造方便、造价低，因浮阀可以在一定范围内自由升降，而气缝速度几乎不变，所以操作弹性优于泡罩塔和筛板塔。上升气流以水平方向吹入流动的液层，气、液接触时间长，故塔板效率较高；不适于处理易结垢、易聚合与高粘等物料，阀片易与塔板粘结，且在操作时会发生阀片脱落或卡阀等现象。

4. 舌形塔

舌形塔是一种气、液并流定向喷射型塔，20世纪60年代开始应用。舌形塔板的结构如图4-38所示。塔板上冲出许多舌形孔，舌叶与板面成一定的角度，向塔板的溢流出口侧张开。图中示出的舌形孔典型尺寸为：$\varphi=20°$，$R=25mm$，$A=25mm$。

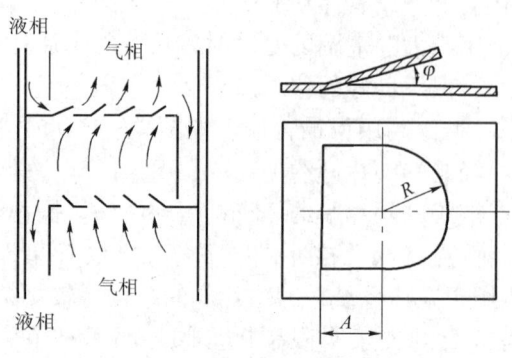

图 4-38 舌形塔板示意图

上升气流穿过舌孔后，沿舌叶的张角向斜上方以较高速度（20~30m/s）喷出。从上层塔板降液管流下的液体流过每排舌孔时，即受到喷出的气流强烈扰动而形成泡沫体，并有部分液滴被斜向喷射到液层上方。最后，在塔板的出口侧，被喷射的液流高速冲至降液管上方的塔壁，流入降液管。舌形塔板的液流出口侧不设溢流堰，而降液管截面积要比一般塔板设计得大些。

舌形塔板的开孔率较大，故可采用较大的气相空塔速度，生产能力比泡罩塔、筛板塔等塔型的都大。气体由舌孔斜向喷出时，与板上液流方向一致，使液流受到推动，避免了板上液体的逆向混合及产生液面落差，板上滞留液量也较小，故操作灵敏且压强降小。

由于舌形塔板上供气流通过的截面积是固定的，当塔内气体流量较小，即气体经舌孔喷出的速度较小时，就不能阻止液体经舌孔泄漏，所以舌形塔板有对负荷波动的适应能力较差的缺点。此外，板上液流被气体喷射后，冲至塔壁而落入降液管时，仍带有大量的泡沫，易将气泡带到下层塔板。尤其在液体流量很大时，这种气相夹带的现象更严重，使板效率明显下降。这是喷射型塔板一个值得注意的问题。

综合考虑浮阀塔板和舌形塔板的优点，衍生出如图4-39所示的浮舌塔板。浮舌塔板的特点为：操作弹性大，负荷变动范围甚至可超过浮阀塔；压强降较小，特别适用于减压操作；结构简单，制造方便；效率较高，介于浮阀塔板和固定舌板之间。

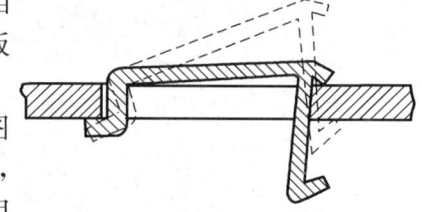

图 4-39 浮舌塔板示意图

二、填料塔

填料塔是一种应用很广泛的气液传质设备。与板式塔相比，填料塔具有结构简单、压力降小、可用各种材料制造等优点，在处理容易产生泡沫的物料以及用于真空操作时，有其独特的优越性。过去由于填料本体及塔内构件的不够完善，填料塔大多局限于处理腐蚀性介质或不适宜安装塔板的小直径塔。近年来由于填料结构的改进，以及新型的高效、高负荷填料的开发，既提高了塔的通过能力和分离效能，又保持了压强降小及性能稳定的特点，因此填料塔已被推广到所有大型气液操作中。在某些场合，还代替了传统的板式塔。

1. 填料塔结构原理

填料塔是在圆形壳体下部设置一支承板,其上充填一定高度的填料。液体在塔顶经分布器喷洒到填料上方,靠本身重力沿填料表面形成向下流动的液膜,最后由塔底取走;气体由支承板下部进入塔内,靠压强差通过填料空隙与填料表面的液膜作连续的逆向接触,以进行动量、热量和质量交换,最后经除沫器由塔顶排出。图4-40为填料塔结构简图。

液体沿填料层向下流动时有向塔壁集中的倾向,使塔壁附近液流量增大,这种现象称为壁流。壁流使气、液两相在填料截面上分布不均,传质效率下降。因此,当填料层较高时,往往将填料分层装置,两层填料间设置液体再分布器(如图4-40所示),将上层填料流下的液体收集后再重新喷洒到下层填料层的顶部。

填料塔不适于处理有悬浮物和易聚合的物料,也不适用于有侧线进料和出料的操作。

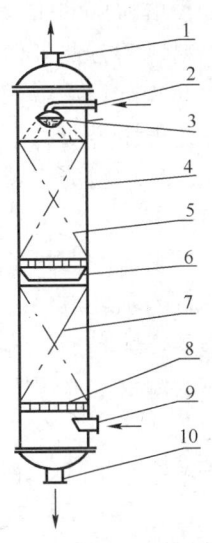

图4-40 填料塔结构简图
1—气体出口;2—液体入口;3—液体分布器;4—壳体;5、7—填料;6—液体再分布器;8—支承栅板;9—气体入口;10—液体出口

2. 填料

填料是填料塔的核心。填料塔操作性能的好坏与所选用的填料直接相关。为使填料塔发挥良好效能,所选填料应该符合以下要求:

——要有较大的比表面积。单位体积所堆填料具有的表面积,叫做填料的比表面积,常用符号σ表示,其单位为m^2/m^3。填料的表面只有被流动的液相所湿润,才能构成有效的传质面积。因此,若希望有较高的传质速率,除需要有大的比表面积外,还要求填料有良好的润湿性能及有利于液体均匀分布的形状。

——要有较高的空隙率。单位体积填料层所具有的空隙体积叫做填料的空隙率,常用符号ε表示,其单位为m^3/m^3。一般情况下,填料的空隙率多在0.45~0.95范围内。当填料的空隙率较高时,则气、液通过能力大,气流阻力小,停留时间长,因而操作弹性范围较宽。

——从经济、实用和可靠的角度出发,还要求填料具有机械强度大、相对密度小、坚固耐用、不易堵塞、耐腐蚀、有良好的化学稳定性、价格便宜等特点。

各种填料,往往难于同时具备所有条件。在实际选用时,可根据具体情况抓住主要矛盾加以选择。

填料的结构与种类发展很快,到目前为止,各种型式、规格的填料已有数百种之多。填料可按结构型式分为颗粒型填料和规整填料,按装填方式分为乱堆填料和整砌填料。

1) 颗粒型填料

颗粒型填料的结构、形状和堆积方式都影响流体在填料层中的流动状态、分布情况以及气、液接触的密切程度,从而决定填料塔的生产能力、流动阻力以及传质效率。

下面介绍工业中常用的颗粒填料。

(1) 拉西环填料。

拉西环填料是最早使用的填料。常用的拉西环填料为外径与高度相等的圆环,如图4-41(a)所示。在强度允许下,壁厚应尽量薄一些,以提高空隙率及降低堆积密度(单位体积堆积填料层的质量称为堆积密度)。拉西环填料在塔内的装填方式有乱堆和整砌两种。乱堆填料装卸方便,但气体流动阻力较大,一般直径在50mm以下的填料都采用乱堆方式,直径在50mm以上的填料可采用整砌(即整齐排列)的方式。拉西环填料除用陶瓷材料制造外,还可用金属、塑料及石墨等材料制成,以适应不同介质的要求。

拉西环填料的主要缺点是:液体的沟流及壁流现象较严重,因而效率随塔径及层高的增加而显著下降;对气速的变化也较敏感,操作弹性范围较窄;气体阻力较高,通量较低。但是拉西环填料的形状简单,制造容易,且对其研究较为充分,所以至今工业上仍广泛采用。

(2) 鲍尔环填料。

鲍尔环填料是针对拉西环填料的一些主要缺点加以改进而研制出来的填料。在普通拉西环填料的侧壁上冲出上、下两层交错排列的矩形小窗,冲出的叶片除一端连在环壁上,其余部分均弯入环内,在环中心相搭,如图4-41(b)所示。鲍尔环填料一般用金属或塑料制造。考虑到改善气、液的接触状况,侧壁上开孔率应不小于30%;为保持填料有一定的强度,开孔率最大不得超过60%。我国现行标准规定开孔率为35%。

尽管鲍尔环填料的空隙率和比表面积(单位体积干填料层具有的表面积)与拉西环填料的差不多,但由于环壁开孔,大大提高了环内空间及环内表面的利用率,气体流动阻力降低,液体分布也较均匀。同种材料、同种规格的鲍尔环填料比拉西环填料的气体通量大、流动阻力小,在相同的压降下,鲍尔环填料的气体通量可比拉西环填料增大50%以上;在相同的气速下,鲍尔环填料的压强降仅为拉西环填料的一半。又由于鲍尔环填料上的两排窗孔交错排列,气体流动通畅,避免了液体严重的沟流及壁流现象。鲍尔环填料比拉西环填料的传质效率高,操作弹性大,但价格较高。因此,鲍尔环填料以其优良的性能为工业上广泛采用。

(3) 阶梯环填料。

阶梯环填料是在鲍尔环填料基础上发展起来的填料,如图4-41(c)所示。阶梯环填料与鲍尔环填料相似之处,除环壁上也开有窗孔外,阶梯环填料的高度仅为直径的一半,环的一端制成喇叭口,其高度为总高的1/5。由于阶梯环填料较鲍尔环填料的高度减少一半,使得绕填料外壁流过的气体平均路径缩短,减少了气体通过填料层的阻力。阶梯环填料一端的喇叭口形状,不仅增加了填料的力学强度,而且使填料个体之间多呈点接触,增大了填料间的空隙。接触点成为液体沿填料表面流动的汇聚、分散点,可使液膜不断更新,有利于填料传质效率的提高。阶梯环填料因其具有气体通量大、流动阻力小、传质效率高等优点,是目前所用环形填料中性能最好的一种。

(4) 鞍型填料。

鞍型填料有弧鞍与矩鞍两种,如图4-41(d)、(e)所示。鞍型填料是敞开型填料,其特点是:表面全部敞开,不分内外;液体在表面两侧均匀流动;流体通道为圆弧形,使流动阻力减小。

弧鞍型填料为对称的开式弧状结构,当液体喷洒到填料表面后,弧形面使液体向两旁分散,即使液体初始分布不均,经弧面分散后,仍可得到一定程度的改善。此外,弧面上无积液,且表面的有效利用率高,因此,弧鞍填料比拉西环填料的传质效率高。但由于弧鞍形状

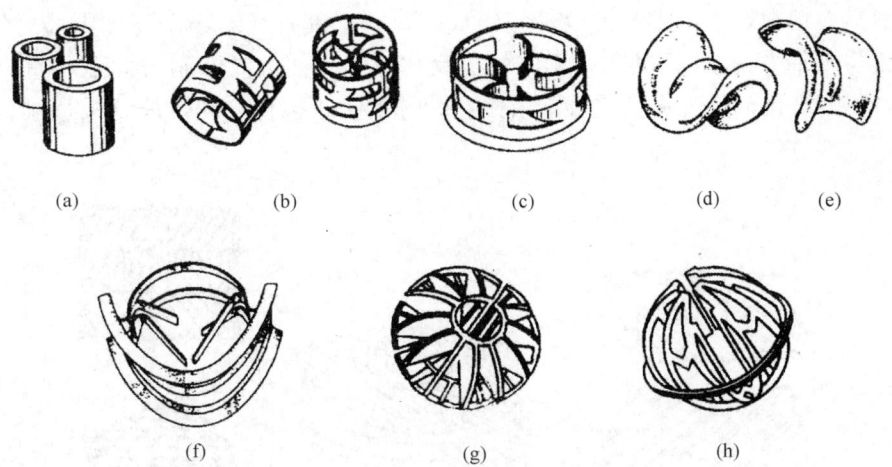

图 4-41 常用的颗粒填料外形
(a) 拉西环；(b) 鲍尔环；(c) 阶梯环；(d) 弧鞍；(e) 矩鞍；
(f) 金属鞍环；(g) 多面球体；(h) TRI 球体

是对称的，装填时容易形成重叠，重叠的表面非但不能利用，还降低了有效空隙率，故弧鞍填料的应用已日渐减少。

在弧鞍填料的基础上开发出的矩鞍填料，它保留了弧形结构，改进了扇形面形状，因此不但具有良好的液体再分布性能，而且填料之间基本上是点接触，不相重叠，因此填料表面得以充分利用。

鞍型填料的综合性能优于拉西环填料而次于鲍尔环填料。由于弧鞍填料与矩鞍填料都是敞式结构，故强度较差。弧鞍填料一般用陶瓷制造，适用于处理腐蚀性物料。

(5) 金属鞍环填料。

金属鞍环填料是综合了鲍尔环填料通量大及鞍型填料的液体再分布性能好的优点而开发出的填料，如图 4-41 (f) 所示。金属鞍环填料于 1977 年才应用于生产，是由薄金属板冲成的整体鞍环。其优点是：保留了鞍型填料的弧形结构及鲍尔环填料的环形结构，并且有内弯叶片的小窗；全部表面能被有效地利用；流体湍动程度好，且有良好的液体再分布性能；通过能力大，压强降小，滞液量小；堆积密度小；填料层结构均匀。金属鞍环填料特别适用于真空蒸馏。

(6) 球形填料。

球形填料是用塑料铸成空心球体形状的填料。为了增加填料的表面积并减少填料的形体阻力，采用了空心球体。有的是由若干个平面组成，有的是由许多枝条状的棒连接而成，也有的采用表面开孔的办法，如图 4-41 (g)、(h) 所示。

球形填料的优点在于床层上易充满填料，不会产生架桥和空穴等现象，因此床层易堆积均匀，有利于气、液均匀分布。但由于塑料耐温性能差，故一般只用于气体吸收、净化、除尘等。

近年来不断有新型填料开发出来，这些填料的结构独特，均有各自的特点，这里不一一介绍。

2) 规整填料

规整填料是由古老的木栅填料逐渐发展的。常见的规整填料为波纹填料，它是一种整砌结构的新型高效填料，由许多片波纹薄板组成圆饼状，其直径略小于壳体内径。如图4-42所示，波纹与水平方向成45°倾角，相邻两板反相靠叠，使波纹倾斜方向互相垂直。圆饼的高度约为40～60mm，各饼垂直叠放于塔内，相邻的上下两饼之间，波纹板片排列方向互成90°角。

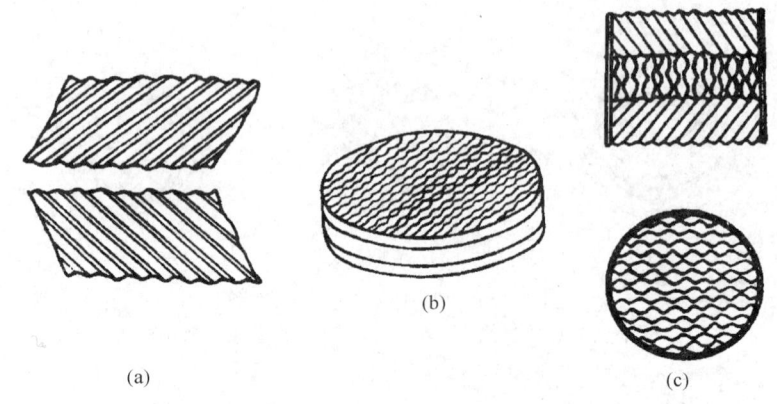

图4-42 波纹填料
（a）元件；（b）组合单元填料；（c）填料层剖面及俯视图

由于结构紧凑，有很大的比表面积，且因相邻两饼间板片相互垂直，使上升气体不断改变方向，下降的液体也不断重新分布，故传质效率高。填料的规整排列，使流动阻力减小，从而可以提高空塔气速。波纹填料的缺点是：不适宜处理粘度大、易聚合或有沉淀物的物料；此外，填料的装卸、清理也较困难，造价高。

波纹填料有实体与网体两种。实体的称为波纹板，可由陶瓷、塑料、金属材料制造，根据工艺要求及介质的性质来选择适当的材料。

波纹丝网填料的波纹片是由金属丝网制成的，属于网体填料。因丝网细密，故其空隙率高，比表面积可高达$700m^2/m^3$，传质效率大大提高，每米填料层相当于10层理论板；每层理论塔板压降仅为50～70Pa；操作弹性大；放大效应（即塔径越大效率越低）小。此类填料特别适用于精密精馏及真空精馏装置，为难分离物系、热敏性物系及高纯度产品的精馏提供了有效手段。尽管波纹丝网的造价昂贵，但优良的性能使波纹丝网填料在工业上的应用日益广泛。

近年来又开发出金属孔板波纹填料和金属压延孔板波纹填料。

金属孔板波纹填料是在不锈钢波纹板片上钻有许多5mm左右小孔的填料。它与同材质丝网填料相比，虽然效率和通量低于波纹网填料，但造价低、强度高、耐腐蚀性能强，特别适用于大直径精馏塔。

金属压延孔板波纹填料与金属孔板波纹填料的主要区别在于：前者板片表面不是钻孔而是刺孔，孔径为0.5mm左右；板片极薄，约为0.1mm，波纹高度较小，故比表面积和空隙率大，分离效率较孔板波纹填料高。它主要用于分离要求高、物料不易堵塞的场合。

无论是颗粒填料还是规整填料，制造材料均可用陶瓷、金属和塑料。

陶瓷填料应用最早，其润湿性能好，但因较厚，空隙率小，阻力大，气体分布不均导致效率下降，而且易破碎，故仅用于高温、强腐蚀性的场合。金属填料强度高，壁薄，空隙率和比表面积均较大，故性能良好。不锈钢较贵；碳钢尽管便宜，但耐腐蚀性较差，在无腐蚀性的介质中广泛采用。近 10 年来发展的塑料填料，价格低廉，不易破碎，质轻耐腐，加工方便，在工业上应用日益广泛，但润湿性能差。

在指定的任务下，采用的填料尺寸越大，则单位体积填料的费用越低，单位高度填料层的压降也越小，但传质效率降低，致使填料层高度增加。因此，选择填料尺寸除保证一定分离效率外，还应考虑设备费和动力费间的权衡。为使液体在填料层中分布均匀，填料乱堆时，每个填料的尺寸不应大于塔径的 1/8，否则液体分布不均。

三、塔设备在天然气集输系统中的应用

1. 吸收塔

1）脱水吸收塔

脱水吸收塔的作用是利用溶剂吸收天然气中的水分从而达到脱水的目的，工作介质是湿天然气和脱水剂（通常为三甘醇溶液）。该塔通常用于无自由压降可利用、脱水后干气水露点要求较低、能满足管输要求以及下游无法采用深冷法回收轻烃的场合，如井口天然气脱水、净化厂天然气脱水等。

脱水吸收塔通常采用的是泡罩塔。湿天然气进入脱水吸收塔的下部，自下而上流动；三甘醇贫液从塔的上部进入吸收塔，自上而下流动；两种介质在泡罩塔板上逆向接触进行传质，从而脱除天然气中的水分。湿天然气从下向上经数层塔板后成为干气，并从塔顶流出；三甘醇贫液从上向下经数层塔板后，因不断吸收水分而成为富液，并从塔的下部流出，然后进入再生系统进行再生；再生后的贫液又从塔的上部进入吸收塔，从而完成了三甘醇的吸收和再生循环过程。

2）脱硫吸收塔

脱硫吸收塔的作用是利用溶剂来吸收天然气中的 H_2S 从而达到脱硫的目的，工作介质为原料天然气和脱硫剂（通常为 MDEA 溶液）。该塔通常用于净化厂中的脱硫，以防止 H_2S 对下游设备和管道的腐蚀，以及满足商品天然气对 H_2S 含量的控制指标（20mg/m³）。

脱硫吸收塔通常采用的是浮阀塔。从集输站场来的原料天然气经分离和过滤后，从塔的下部进入，自下而上流动；脱硫剂从塔的上部进入，自上而下流动；两者在塔板上逆向接触进行传质。经数层塔板后，原料气中的 H_2S 被脱硫剂吸收成为净化气，并从塔顶流出。

2. 再生塔

天然气净化厂中通常是采用溶剂吸收法来脱除天然气中的 H_2S。脱硫剂吸收 H_2S 后由"贫液"变为"富液"。再生塔的作用就是将富液再生成为贫液，使脱硫溶剂能循环使用。再生塔可以采用板式塔，也可采用填料塔。采用何种型式的塔更为经济合理，应根据处理量的大小、溶液的洁净程度等因素来确定。一般说来，处理量较大时，宜采用板式塔；处理量较小或溶液比较洁净时，可采用填料塔。

吸收了 H_2S 的富液在换热到 90℃左右后，由塔的上部进入塔内自上而下流动，与塔底再沸器提供的约 120℃的蒸气逆流接触进行传热传质。富液在向下流动过程中，随着温度的不断升高，其中的硫化氢不断被汽提出来。当到达塔下部最后一层塔板或集液箱底部（填料塔）时，温度达到 120℃左右，此时的溶液也称为"半贫液"。半贫液从塔中抽出后进入再

沸器中加热，使其部分汽化，以提供塔所需要的汽提蒸汽。当采用热虹吸式再沸器时，再沸器出口为气液两相，并从塔的下部进入塔内，气相即为向上流动的汽提蒸汽，液相部分流入塔底成为再生后的贫液。被汽提出来的酸性气体（主要是 H_2S、CO_2 和水蒸气的混合物）从再生塔顶排出，经冷凝冷却后分为气、液两相，气相（即酸气）去硫黄回收装置回收硫黄，液相（即酸性水）打入再生塔顶作为回流。

3. 稳定塔

凝析油或原油中通常含有 $C_1 \sim C_4$ 等轻烃。这些轻组分在常温下容易挥发，同时会带走不少油品，不仅造成能源损失，而且污染环境，因此这些轻组分在油品中属于"不稳定成分"。稳定塔的作用就是将这些不稳定成分从凝析油或原油中分离出来，使油品变得"稳定"，同时将这些轻组分予以回收作为燃料气使用。

稳定塔的工艺过程实际上就是一个蒸馏或提馏过程。油品在塔底再沸器加热后，其中的轻组分被汽化，并由塔底自下而上流动，与来自塔上部的凝析油或原油逆流接触。经传热传质后，$C_1 \sim C_4$ 等轻烃在塔顶被分馏出来，在塔底得到的即是稳定的凝析油或原油。

第五章 天然气脱水

第一节 概 述

从地层开采出来的天然气含有游离水和气态水。对于游离水,由于它是以液态方式存在的,天然气集输过程中,通过分离器就可以实现分离;但气态水,由于它在天然气中以气态方式存在,运用分离器不能完成分离。而这些气态水又会在天然气管道输送过程中随着温度压力的改变而重新凝结成液态水。液态水的存在会导致水合物的生成和液体本身堵塞管路、设备或降低它们的负荷,引发 CO_2、H_2S 的酸液腐蚀。因此,为满足管输和用户的需求,脱除天然气中的水分是有必要的。

天然气的脱水方法多种多样,按其原理可归纳为低温冷凝法、吸收脱水法和吸附脱水法三种。

一、低温冷凝法

低温冷凝法是借助于天然气与水汽凝结为液体的温度差异,在一定的压力下降低含水天然气的温度,使其中的水汽与重烃冷凝为液体,再借助于液烃与水的相对密度差和互不溶解的特点进行重力分离,使水被脱出。

这种方法可以实现水、烃的同时脱除,脱水温度根据所需的脱水或脱烃的深度来决定。为了达到足够的脱水深度,应该有足够低的温度。如果温度低于常温,则需要有制冷设施,这样会使脱水过程的工程投资、能量消耗增加,并进一步提高天然气处理的生产成本。低温冷凝法主要包括直接冷却法、节流膨胀制冷法、氨制冷法、膨胀机制冷法等。

二、吸收脱水法

吸收脱水是根据吸收原理,采用一种亲水液体与天然气逆流接触,从而脱除气体中的水蒸气。用来脱水的亲水液体称为脱水吸收剂,主要有甲醇、甘醇等。吸收水分后的溶液蒸气压很低,且可再生和循环使用,脱水成本低,已在天然气脱水中得到广泛的应用。

三、吸附脱水法

该法是利用某些固体物质比表面积高、表面孔隙可以吸附大量水分子的特点来进行天然气脱水的。脱水后的天然气含水量可降至 $1\mu L/L$。这样的固体物质有硅胶、活性氧化铝、4A 分子筛和 5A 分子筛等。

固体吸附剂一般容易被水饱和,但也容易再生,经过热吹脱附后可多次循环使用,因此主要用于低含水天然气深度脱水的情况。但费用较吸收法脱水高。

由于冷却脱水法既可以脱水也可以脱烃,因此冷却法脱水将在第六章中详细介绍。

第二节 吸收法脱水

吸收法脱法是目前天然气工业中使用较为普遍的脱水方法。天然气集输工艺中,为保证管输天然气在输送过程中不形成水合物,而需对气体脱水时,广泛采用甘醇吸收法脱水。自 20 世纪 30 年代后期建成二甘醇法脱水装置以来,经过不断发展,又出现了三甘醇法等多种甘醇脱水工艺。三甘醇法脱水装置的露点降(即脱水吸收塔操作温度与脱水后干气露点温度之差)可达 33~47℃。

一、常用脱水吸收剂

用作脱水吸收剂的物质应对天然气中的水蒸气有很强的亲合能力,热稳定性好,脱水时不发生化学反应,容易再生,蒸气压低,粘度小,对天然气和液烃的溶解度较低,起泡和乳化倾向小,对设备无腐蚀性,同时还应价格低廉、容易得到。常用的脱水吸收剂是甘醇类化合物和氯化钙水溶液,目前广泛采用的是甘醇类化合物。常用脱水吸收剂的特性见表 5-1。

表 5-1 常用脱水吸收剂特性

吸收剂种类	优 点	缺 点	适 用 范 围
$CaCl_2$ 水溶液	①投资与操作费用低,不燃烧 ②在更换新鲜 $CaCl_2$ 前可无人值守	①吸水容量小,且不能重复使用 ②露点降较小,且不稳定 ③更换 $CaCl_2$ 时劳动强度大,且有废 $CaCl_2$ 水溶液需要处理	边远地区小流量、露点降要求较小的天然气脱水
二甘醇(DEG)水溶液	①浓溶液不会"凝固" ②天然气中含有 H_2S、CO_2、O_2 时,在一般温度下是稳定的 ③吸水容量大	①蒸气压较 TEG 高,蒸发损失大 ②理论热分解温度较 TEG 低,再生后的 DEG 水溶液浓度较小 ③获得的露点降较 TEG 溶液小 ④投资及操作费用较 TEG 高	集中处理站的大流量、露点降要求较大的天然气脱水

续表

吸收剂种类	优 点	缺 点	适 用 范 围
三甘醇（TEG）水溶液	①具有 DEG 的优点 ②理论热分解温度较 DEG 高，再生后的 TEG 水溶液浓度较高 ③获得的露点降较大 ④蒸气压较 DEG 低，蒸发损失小 ⑤投资及操作费用较 DEG 低	①投资及操作费用较 $CaCl_2$ 水溶液法高 ②当有液烃存在时，再生过程易起泡，有时需要加入消泡剂	集中处理站内大流量、露点降要求较大的天然气脱水

二、甘醇脱水原理及流程

1. 甘醇脱水的基本原理

甘醇是直链的二元醇，其通用化学式是 $C_nH_{2n}(OH)_2$。二甘醇（DEG）和三甘醇（TEG）的分子结构如下：

$$\begin{array}{l} CH_2-CH_2-OH \\ | \\ O \\ | \\ CH_2-CH_2-OH \end{array} \qquad \begin{array}{l} CH_2-O-CH_2-CH_2-OH \\ | \\ CH_2-O-CH_2-CH_2-OH \end{array}$$

二甘醇 　　　　　　　　　　　三甘醇

甘醇可以与水完全溶解。从分子结构看，每个甘醇分子中都有两个羟基（OH）。羟基在结构上与水相似，可以形成能和电负性较大的原子相连的氢键，包括同一分子或另一分子中电负性较大的原子，这使得甘醇与水能够完全互溶。

这样，甘醇水溶液就可将天然气中的水蒸气萃取出来形成甘醇稀溶液，使天然气中水汽量大幅度下降。

2. 三甘醇吸收脱水流程

三甘醇脱水工艺主要由甘醇吸收和再生两部分组成。图 5-1 是三甘醇脱水工艺的典型流程。含水天然气（湿气）先进入原料气过滤分离器，以除去气体中携带的液体和固体杂质，然后进入吸收塔。在吸收塔内原料气自下而上流经各塔板，与自塔顶向下流的贫甘醇液逆流接触，甘醇液吸收天然气中的水汽，经脱水后的天然气（干气）从塔顶流出。吸收了水分的甘醇富液自塔底流出，与再生塔顶部的水蒸气换热后进入三甘醇闪蒸罐，分离出被甘醇溶液吸收的烃类气体后，依次经过纤维过滤器（固体过滤器）和活性炭过滤器，除去甘醇溶液在吸收塔中吸收与携带过来的少量固体、液烃、化学剂及其他杂质，以防止引起甘醇溶液起泡、堵塞再生系统的精馏柱或使再沸器的火管结垢。过滤后的富三甘醇溶液进入三甘醇缓冲罐，与贫液换热后注入到再生塔中对富液进行提浓转换为贫液后，经缓冲罐换热并水冷，由泵打入吸收塔循环使用。

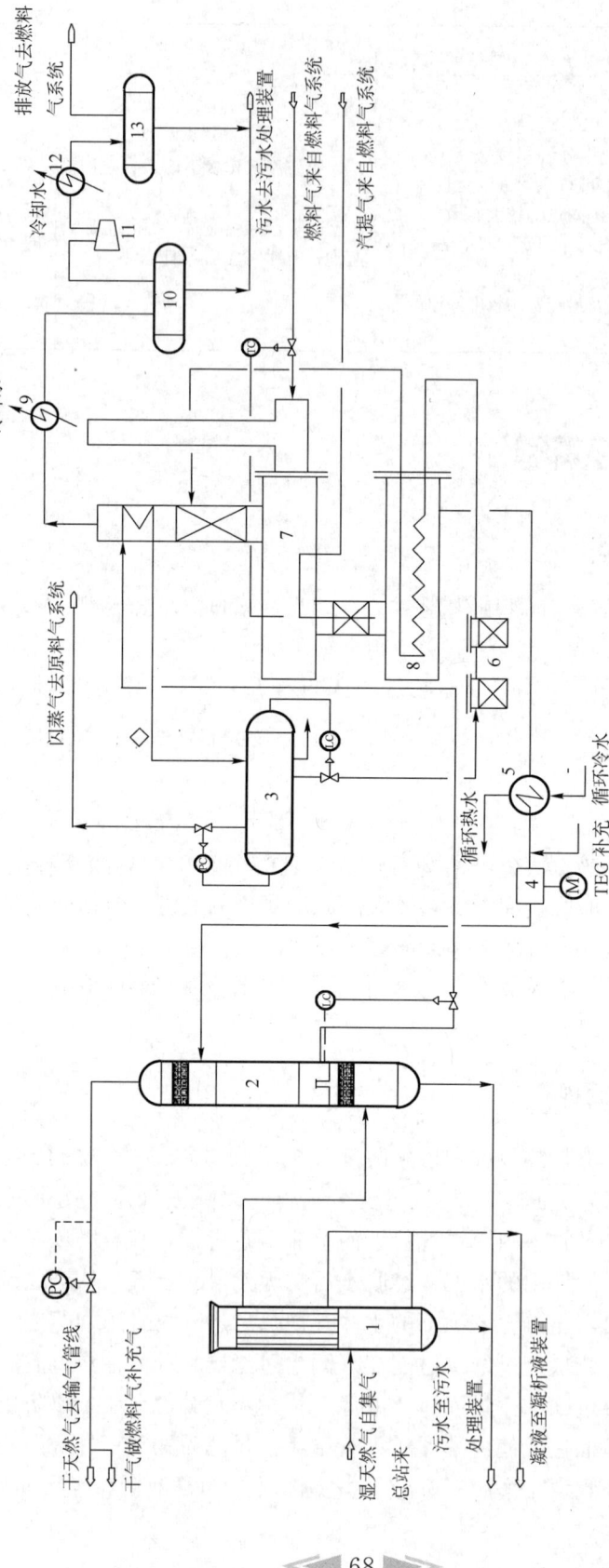

图 5-1 新疆某气田第二处理厂三甘醇脱水工艺流程图

1—原料气过滤分离器；2—三甘醇吸收塔；3—三甘醇闪蒸罐；4—三甘醇循环泵；5—三甘醇后冷却器；6—三甘醇过滤器；7—三甘醇再沸器；8—三甘醇缓冲罐；9—排放气分液罐；10—排放气冷却器；11—排放气压缩机；12—压缩机出口冷却器；13—压缩机出口分液罐

吸收塔及再生塔分别为板式塔和精馏塔。关于塔设备的内容已在第四章第三节中详细介绍，这里不再赘述。

3. 三甘醇的再生方法

三甘醇脱水工艺的各种流程，其吸收部分大致相同，所不同的是甘醇富液的再生方法。由于贫甘醇的浓度直接影响装置的脱水效率，因而多年来三甘醇脱水工艺的改进都以提高甘醇贫液浓度、增大露点降为目的。20 世纪 40 年代末，多采用常压再生方法，即只靠加热方式来提浓三甘醇。因为三甘醇的加热温度受到热降解的限制，此法只能将三甘醇贫液提浓到 98.5%（质）左右，相应的露点降为 35℃。为了进一步提高三甘醇贫液浓度，在常压再生的基础上还可采用以下的再生方法：

（1）减压再生。减压再生是降低再生塔的操作压力，以提高甘醇溶液的浓度。但减压系统比较复杂，限制了该法的应用。

（2）汽提再生。气体汽提是将甘醇溶液与热的汽提气接触，汽提气可搅动甘醇溶液，使滞留在高粘度甘醇溶液中的水蒸气逸出，同时也降低了水蒸气分压，使更多的水蒸气从再沸器和精馏柱中脱除，从而将贫甘醇中的甘醇浓度进一步提浓到 99.995%（质），干气露点可降至 $-73 \sim -95$℃。此法是现行三甘醇脱水装置中应用较多的再生方法。其典型流程见图 5-2。汽提气排至大气，会产生污染，也增加了生产费用，对此需有相应的措施。

（3）共沸再生。共沸再生是 20 世纪 70 年代初发展起来的。该法采用的共沸剂应具有不溶于水和三甘醇、与水能形成低沸点共沸物、无毒、蒸发损失小等性质，最常用的是异辛烷。共沸再生流程见图 5-3。共沸剂与三甘醇溶液中的残留水形成低沸点共沸物汽化，从再生塔顶流出，经冷凝冷却后，进入共沸物分离器，分去水后，共沸剂用泵再打回再沸器。该法可将甘醇溶液提浓至 99.99%（质），干气露点达 -73℃。共沸剂在闭路中循环，损失量很小。此法无大气污染问题，节省了汽提气，增加的仅是共沸剂汽化所需的热量和共沸剂分离器及循环泵。

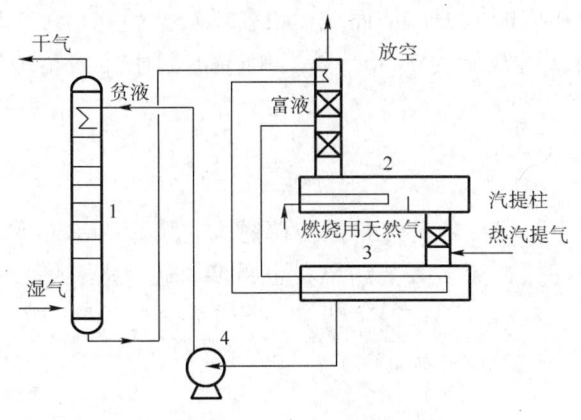

图 5-2 汽提再生流程
1—脱水吸收塔；2—再生釜；3—换热罐；
4—三甘醇循环泵

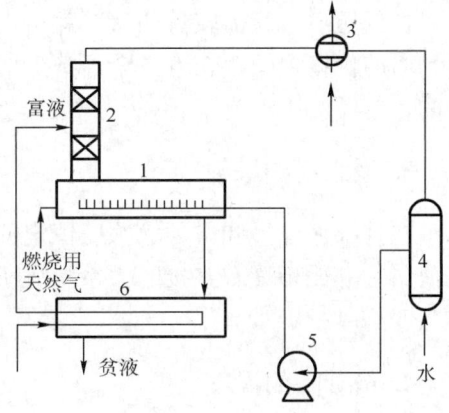

图 5-3 共沸再生流程
1—再沸器；2—再生塔；3—冷却器；4—共沸物
分离器；5—循环泵；6—换热罐

三、三甘醇法脱水工艺参数的选取

三甘醇脱水是基于吸收原理而实现的。影响脱水效果的因素包括：吸收塔的操作温度、压力；贫三甘醇的浓度、循环量；再生塔的操作压力及温度等影响平衡过程的其他因素。工艺参数选取就是确定有关参数和主要设备的几何尺寸。

1. 入口气体温度

（1）在恒定压力条件下，当入口气体温度升高时，入口气体的含水量增加。也就是说，在较高的温度下，甘醇不得不清除更多的水量才能符合要求。

（2）气体温度的升高会导致所需的吸收塔塔径的增加，这是由于温度升高实际上增大了气流的速度所致。

（3）入口气温度超过48℃将导致三甘醇的损失增大。虽然在较高的气体温度下，仍可使用三甘醇，但在气体进入吸收塔之前，一般的作法是将其冷却到48℃以下。而且只要保持在水合物形成温度之上，气体被冷却得越厉害，所需的甘醇装置的塔径就越小。因此，最低的气体入口温度应高于水合物形成的温度并应总是高于10℃。若低于10℃，甘醇会变稠。低于15～21℃，甘醇会同气体中的液体烃类形成稳定的乳化液，并在塔内导致发泡。然而，在关于冷却气体的热交换器系统和甘醇装置的尺寸大小的选择上，实际上存在着一个经济权衡问题。较小的甘醇装置需设置较大的冷却器，反之亦然。一般说来，通常所设计的三甘醇装置的入口气体温度都在27～38℃之间。

2. 塔内压力

只要保持压力低于20.68MPa（表压），吸收塔压力就不会对甘醇的吸收过程产生多大的影响。在恒定的温度下，入口气体的含水量随压力增加而减少。这样，气体在较高的压力下脱水，被清除的水就不多。另外，在高压下气体的实际流速低时，就可采用小直径的塔器。

在低压下，只需较薄的壁厚就可以维持相应的压力，从而减少设备投资。因此，工作压力和塔的价格之间存在着一个经济上的权衡。通常认为3.45～8.27MPa的脱水压力是最经济的。

3. 吸收塔的塔板数

在甘醇循环量和贫甘醇浓度恒定的情况下，塔板数越多，露点降越大。由于再沸器的热负荷与甘醇循环量有直接的关系，故所用的塔板数越多，节约燃料也越多。通常多数塔板都定为6～8块。

4. 贫甘醇的温度

进入塔顶的贫甘醇的温度对气体的露点降有较大的影响，温度低能使甘醇循环量减至最小，温度若太高会导致甘醇损耗增加。同时，应保持贫甘醇的温度略高于吸收塔的温度，否则烃类会在塔内冷凝而引发甘醇发泡。多数设计要求贫甘醇温度较吸收塔的出口气体温度高3～8℃。

5. 甘醇的浓度（质量分数）

在给定了甘醇循环量和塔板数的情况下，贫甘醇的浓度越高，露点降就越大。

图 5-4 示出与各种浓度的甘醇接触的气体在不同温度下的平衡水露点。而离开吸收塔的气体的实际露点，一般比平衡露点高 5.5~8.3℃。

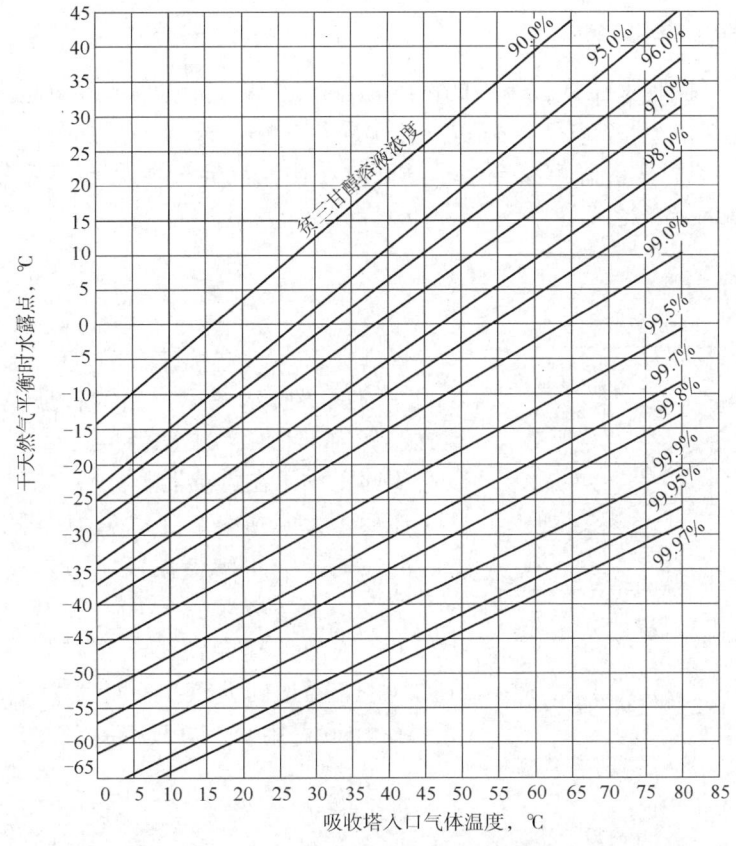

图 5-4 吸收塔操作温度、进料贫三甘醇浓度和流出的干天然气平衡水露点的关系
虚线表示在 204℃、0.1MPa 下再生塔中产生的贫三甘醇的浓度

图 5-5 表示：对于露点降，增加贫甘醇浓度比增加循环量更有效。

根据气体的汽提率、再沸器压力和温度可以确定贫甘醇的浓度。对于多数装置，贫甘醇浓度为 98%~99% 是很普遍的。

6. 甘醇循环量

当吸收塔的塔板数和贫甘醇浓度确定之后，饱和气体露点降就是甘醇循环量的函数了。与气体接触的甘醇进入得越多，从气体中脱除的水蒸气也越多。但是，甘醇的浓度主要影响干气的露点，甘醇循环量仅控制着总的被清除的水量。能够保证甘醇与气体接触较好的最小循环量大约是脱除每 1kg 水需 16.7L 的甘醇；保证最大的循环量为清除 1kg

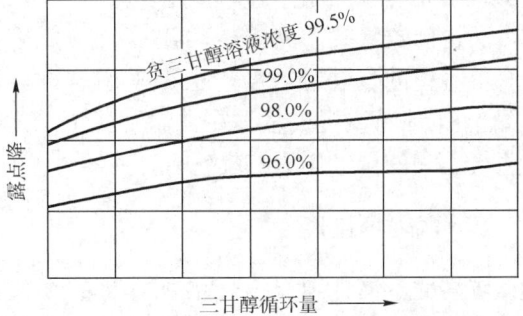

图 5-5 贫三甘醇浓度、循环量对露点降的影响
基于 1 个平衡塔板（4 个实际塔板）

水需58.4L甘醇；而最常用的范围是吸收1kg水需25～60L三甘醇溶液。

循环量过大会使再沸器超载，还会妨碍甘醇的再生。再沸器所需的热量同循环量成正比。因此，增加循环量就有可能降低再沸器的温度。贫甘醇浓度的减小，实际上降低了气体中被甘醇清除的水量。只有当再沸器温度保持恒定时，增加循环量才会降低气体的露点，故甘醇循环量不宜超过33L/kg水。

7. 甘醇再沸器温度

再沸器的温度可控制水在贫甘醇中的浓度，温度越高，贫甘醇浓度也越大。但三甘醇再沸器的温度必须限制在204℃以下，以防三甘醇受热分解。通常将再沸器的温度限制在188～199℃之间，在将三甘醇的降解减至最小的同时，在无汽提气情况下，可有效地将甘醇浓度限制在98.2%～98.5%之间。

8. 再沸器的压力

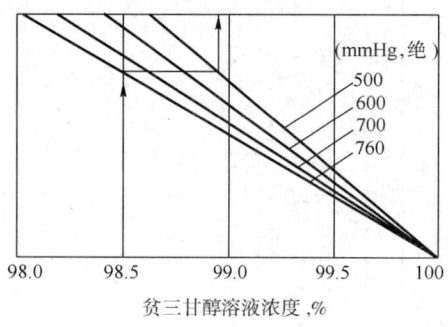

图5-6 再沸器真空度对甘醇浓度的影响

再沸器的压力高于大气压时，可明显地降低贫甘醇的浓度及脱水效率。蒸馏柱应适当地进行向外排放，其内部所放置的填料应周期性地进行更换，以避免回压作用在再沸器上。

在低于大气压条件下，富甘醇的沸腾温度会降低；而在同样的再沸器温度下，可得到比较高的贫甘醇浓度。在多数装置中，再沸器很少工作在真空状态下，因为那样会使工艺变得复杂，同时，采用汽提气也容易达到类似效果而且较为便宜。

图5-6可用来估算真空度对贫甘醇浓度的影响。

9. 汽提气

通常情况下，如果进料气温度高、压力低，则要求的贫甘醇浓度更高。这就要求采用汽提法以达到常压再生不能达到的所需的三甘醇浓度。或者是对于现有的装置，若必须超过设计水平增加循环量，而再沸器又达不到希望的温度，则使用汽提气以取得希望的贫甘醇浓度，也需采用这种方法。可用图5-7估算汽提气量。在常温常压下，常使用被水蒸气饱和的湿气作为汽提气。

10. 汽提塔温度

较高的蒸馏柱顶温度会增加甘醇的损失，这主要起因于过度地蒸发。蒸馏柱顶的建议温度近似为107.2℃。当温度超过121℃时，甘醇就可能显著地被蒸发而损失。借助于增加流经回流盘管的甘醇量，就可以降低蒸馏柱顶的温度，也可单独

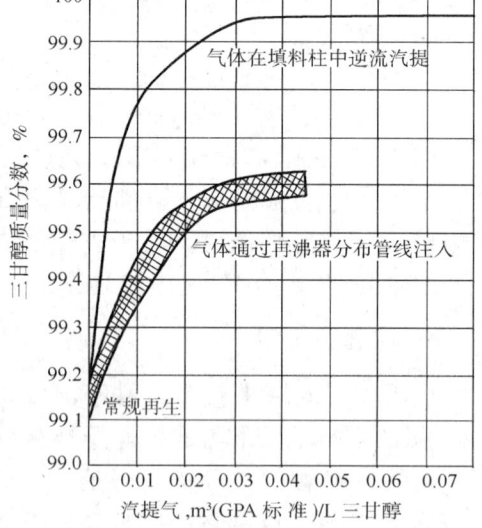

图5-7 汽提气量对三甘醇浓度的影响

设置其他的冷回流设施。

若蒸馏柱顶的温度变得太低，就会有更多的水冷凝，这样无疑要增加再沸器的热负荷。回流盘管中甘醇的温度太低，有时也可将蒸馏柱的温度降低至104.4℃以下。为了能够手动或自动控制汽提蒸馏柱温度，一般在大多数回流盘管上都设有旁通。

综合以上的分析，将三甘醇脱水装置操作温度推荐值列于表5-2中。

表5-2 三甘醇脱水装置操作温度推荐值

设备或部位	原料气进吸收塔	贫甘醇进吸收塔	富甘醇进闪蒸罐	富甘醇进过滤器	富甘醇进精馏柱	精馏柱顶部	再沸器	贫甘醇进泵
温度,℃	27~38	高于气体3~8	38~93，宜选65	38~93，宜选65	93~149，宜选149	99，有汽提气时88	177~204，宜选193	<93，宜选小于82

四、甘醇质量在脱水装置操作中的重要性

在甘醇脱水装置操作中经常发生的问题是甘醇损失过大和设备腐蚀。进料气中含有液体和固体杂质，甘醇操作中氧化或降解变质，甘醇泵泄漏和设备尺寸设计不周等，都是甘醇损失过大和设备腐蚀的原因。例如，进料气中含有某些液体及固体杂质，当其进入吸收塔后会污染甘醇，增加起泡倾向，使塔顶出现严重雾沫夹带，造成甘醇大量损失，严重时还会使吸收塔产生液泛等。因此，除在腐蚀严重的设备或部位采用耐腐蚀材料外，在操作中采取相应措施，避免甘醇受到污染，是防止或减缓甘醇损失过大和设备腐蚀的重要内容。

1. 保持甘醇洁净

防止或减缓甘醇损失过大和设备腐蚀的关键是保持甘醇洁净。实际上，甘醇在使用过程中将会受到各种污染。产生这些污染的原因和解决办法如下所述。

1) 氧气窜入系统

甘醇脱水系统中含有氧气时会使甘醇氧化变质，生成腐蚀性有机酸，故应严防氧气窜入系统。甘醇储罐没有采用惰性气体密封、甘醇泵泄漏以及进料气中可能含氧都会使氧气进入系统。为此，甘醇储罐的上部空间应该采用微正压的干气或氮气密封；当甘醇泵出现泄漏时应该及时检修，杜绝泄漏。有时，也可向脱水系统中注入抗氧化剂（例如乙醇胺），其量为1~2g/L甘醇。

2) 降解

富甘醇在再生时如果温度过高会降解变质。因此，当采用三甘醇脱水时，再沸器温度应低于204℃，火管传热表面的热流密度则应小于$25kW/m^2$。同时，还应定期对火管传热表面上由于油污和盐类沉积引起的热斑进行检查并及时清扫。

3) pH值降低

当天然气中含有硫化氢或二氧化碳时，通常应先脱硫，后脱水。但当含硫化氢或二氧化碳的酸性天然气要经过管道送至距离较远的脱硫厂时，由于酸性天然气在管输中可能有游离水产生，也可以先脱水后脱硫。如果酸性天然气先脱水，用来脱水的甘醇就会呈现酸性并具有严重的腐蚀性，故尤其要重视酸性天然气脱水装置的腐蚀问题。

甘醇热降解或氧化变质，以及硫化氢和二氧化碳溶解在甘醇中反应所生成的腐蚀性酸性化合物，可通过加入硼砂、三乙醇胺、NACAP 等碱性化合物来中和。其中，NACAP 不仅是控制甘醇溶液 pH 值的缓冲剂，而且也可起到缓蚀剂、消泡剂及破乳剂的作用。但是，这些碱性化合物加入量过多就会析出沉淀，产生淤渣，故加入速度要慢，加入量要少。例如，胺的加入量为 $0.3kg/m^3$ 甘醇。当用碱性化合物对甘醇溶液进行中和时，甘醇过滤器需要经常切换，以除去过滤器中积累的淤渣。此外，在操作中还要定期检测甘醇的 pH 值，其最佳 pH 值见表 5-3；当 pH 值大于 9 时，甘醇溶液也容易起泡和乳化。

表 5-3 甘醇质量的最佳值

参 数	富 甘 醇	贫 甘 醇
pH 值[①]	7.0～8.5	7.0～8.5
氯化物，mg/L	<600	<600
烃类（质量）[②]，%	<0.3	<0.3
铁离子[②]，mg/L	<15	<15
水（质量）[③]，%	3.5～7.5	<1.5
固体悬浮物[②]，mg/L	<200	<200
起泡倾向	泡沫高度，10～20mL；破沫时间，5s	
颜色及外观	洁净，淡色到浅黄色	

[①] 富甘醇由于有酸性气体溶解，故其 pH 值较低。
[②] 由于过滤器过滤效果不同，贫甘醇与富甘醇中烃类、铁离子及固体悬浮物的数量可能有所差别。
[③] 贫甘醇、富甘醇水含量相差应在 2%～6%。

4）盐污染

盐分沉积在再沸器火管表面可以产生热斑并使火管烧穿。当甘醇中盐含量超过0.0025%（质）时，就应将甘醇排放掉并对装置进行清扫。为了从甘醇中除去盐分，还可以建废甘醇复活设施或离子交换树脂床层，生成的水应先经过一个过滤分离器分出，以防止其进入吸收塔内。

5）液烃

液烃可能是由进料气携带过来的，也可能是由于贫甘醇进塔温度比出塔干气温度低，使气体中重烃冷凝析出的，或可能是由甘醇吸收下来的。通常，可采用进口气涤器，保持贫甘醇进塔温度比出塔干气温度高 6℃，合理设计三相闪蒸分离器的尺寸以及采用活性炭过滤器等措施，使液烃对甘醇的污染减少至最低程度。液烃如随富甘醇进入再生系统，将会在精馏柱内向下流入再沸器内并迅速汽化，造成大量甘醇被气体从柱顶带出。

在寒冷地区，为防止因吸收塔壁散热损失过大引起进料气在塔内冷凝，应将吸收塔保温或设置在室内。

6）淤渣

进料气所携带的尘土、泥沙、管道污垢、储集层岩石细屑及硫化铁和氧化铁等腐蚀产物，如未经过进口气涤器脱除，就会进入吸收塔内的甘醇中。这些固体杂质与焦油状烃类合在一起，最后会沉淀出来并形成具有磨损性的黑色粘稠状物。它们不仅会使甘醇泵和其他设备受到侵蚀，引起吸收塔塔板及精馏柱的填料堵塞，还会沉积在再沸器火管传热表面产生热斑。因此，不论是富甘醇还是贫甘醇都要进行过滤，以使其中的固体杂质含量小于0.01%（质）。

7）起泡

甘醇起泡有物理上的原因和化学上的原因。吸收塔内气体流速过高是甘醇起泡的物理原因，甘醇被固体杂质、盐分、缓蚀剂和液烃污染，则是其起泡的化学原因。

天然气进入吸收塔之前，先在入口气涤器中脱除液体和固体杂质，将甘醇进行过滤，提高气体和贫甘醇进塔温度使其高于气体中重烃的露点，都是防止甘醇起泡的重要措施。此外，也可注入消泡剂防止甘醇溶液起泡。目前可用作消泡剂的物质很多，必须通过实验确定其效果和用量。常用的消泡剂有含硅的破乳剂、高分子醇类及乙烯和丙烯的嵌段聚合物等。注入消泡剂虽可防止甘醇起泡，但最好的方法还是采取措施，排除起泡的原因。

2. 甘醇质量的最佳值

甘醇脱水装置在操作中除应定期对贫、富甘醇取样分析外，如果怀疑甘醇受到污染，还应立即取样分析，并将分析结果与表5-3列出的最佳值进行比较并查找原因。如有必要，还应对甘醇组成进行分析。复活后的甘醇在重新使用之前必须进行检验。新补充的甘醇也应对其质量进行检验。补充的新鲜甘醇推荐其三甘醇浓度大于99%（质），pH值则应在7~8之间。

甘醇溶液受到污染后应检测其起泡倾向并注入合适的消泡剂，直到找出污染原因并将其排除之后再停注消泡剂。

正常操作期间，甘醇脱水装置的三甘醇损失量一般不大于$15mg/m^3$天然气。

第三节　吸附法脱水

吸附法脱水是利用某些多孔性固体吸附天然气中的水蒸气。吸附是指气体或液体与多孔的固体颗粒表面相接触，气体或液体与固体表面分子之间相互作用而停留在固体表面上，使气体或液体分子在固体表面上浓度增大的现象。被吸附的气体或液体称为吸附质，吸附气体或液体的固体称为吸附剂（当吸附质是水蒸气或水时，此固体吸附剂又称为固体干燥剂，简称干燥剂）。根据气体或液体与固体表面之间的作用力不同，可将吸附分为物理吸附和化学吸附两类。

物理吸附是由流体中吸附质分子与固体吸附剂表面之间的范德华力引起的，吸附过程类似与气体凝结的物理过程。这一类吸附的特征是吸附质与吸附剂不发生化学反应，吸附速度很快，瞬间即可达到相平衡。当体系压力降低或温度升高时，被吸附的气体可以很容易地从固体表面脱附，而不改变气体原来的性状，故吸附与脱附是可逆过程。工业上利用这种可逆性，通过改变操作条件使吸附质脱附，达到使吸附剂再生、回收或分离吸附质的目的。

化学吸附是吸附质与固体吸附剂表面的未饱和化学键（或电价键）力作用的结果。化学吸附具有选择性，而且吸附速度较慢，需要较长时间才能达到平衡。化学吸附往往是不可逆的，要很高的温度才能脱附；脱附出来的气体又往往已发生化学变化，不复具有原来的性状。

由于物理吸附过程是可逆的，故可通过改变温度和压力的方法改变平衡方向，达到吸附剂再生的目的。天然气脱水吸附的过程多为物理吸附，故以下仅介绍气体的物理吸附过程。

根据不同吸附剂对不同吸附质的吸附容量不同，即不同吸附剂对不同吸附质具有选择性吸附作用的特点，使流体与固体吸附剂表面接触，流体中吸附容量较大的一种或几种组分被选择性地吸附在固体表面上，从而达到与流体中其他组分分离的目的。天然气净化中的吸附法脱水，就是利用了这一特性。

吸附法脱水主要用于天然气凝液回收、天然气液化装置中的天然气深度脱水等。另外，在压缩天然气（CNG）加气站中为防止 CNG 在高压下或使用中从高压节流至常压时产生水合物堵塞，也常采用吸附法脱水。由于吸附法脱水装置的投资和操作费用比甘醇脱水装置要高，通常是在甘醇法脱水满足不了天然气露点要求时采用吸附法脱水。

一、固体吸附剂及吸附容量

1. 固体吸附剂

一种良好的吸附剂应具有大的比表面积和良好的表面活性（即吸附能力），必要时可以进行某种处理以提高其表面活性，此过程工业上称为活化。最常用的活化方法是加热。

许多固体物质都有吸附气体的能力，但工业上只应用少数几种。因为工业用吸附剂必须具备以下特点：供应量大，有高的吸附能力和选择性，便于再生和重复使用，良好的机械强度和化学稳定性，价格合理等等。目前天然气脱水中主要使用的吸附剂有活性铝土、活性氧化铝、硅胶和分子筛四大类。通常应根据工艺要求进行经济比较后，选择合适的吸附剂。

1）活性铝土

活性铝土是含铁低的天然铝土（主要成分是 $Al_2O_3 \cdot 3H_2O$）经过加热活化，脱除其表面上所吸附的一部分水后得到的多孔、高吸附容量的物质，通常制备成颗粒或粉状。与人工合成的活性氧化铝相比，它的优点是成本低，有液态水存在时不会破碎，能提供一定的露点降。缺点是吸附容量小。

2）活性氧化铝

活性氧化铝是一种多孔、吸附能力较强的吸附剂，对气体、水蒸气和某些液体的水分有良好的吸附能力，再生温度175～315℃。除作为干燥剂外，也可以作为催化剂、催化剂载体等。活性铝矾土矿也可以起类似活性 Al_2O_3 的作用，只是其比表面积较低、吸附性能和强度均较差，但价格低廉。

3）硅胶

工业上使用的硅胶是粉状或颗粒状物质，分子式为 $SiO_2 \cdot nH_2O$。它具有较大的孔隙率。它是用硅酸钠与硫酸反应生成水凝胶，然后洗去硫酸钠，将水凝胶干燥制成的。硅胶按孔隙大小，分为细孔和粗孔两种。

一般工业硅胶中残余水量约6%，灼烧至954℃下灼烧30min即可除去，但在一般再生温度下不能脱除。采用硅胶脱水一般可使天然气露点达−60℃。用于天然气脱水的硅胶很易再生，再生温度较分子筛低。虽然硅胶脱水能力很强，但吸水时放出大量的吸附热，很易破裂产生粉尘，增加压降，降低有效湿容量。

4）分子筛

分子筛是一种人工合成的无机吸附剂。它具有均一微孔结构，能将不同大小的分子分离，是一种高效、高选择性的固体吸附剂。它可用以下分子式表示：

$$M_{2/n}O \cdot Al_2O_3 \cdot xSiO_2 \cdot yH_2O$$

式中　M——某些碱金属或碱土金属离子，如 Li、Na、Mg、Ca 等；

　　　n——M 的价数；

　　　x——SiO_2 的分子数；

　　　y——水的分子数。

分子筛品种甚多，根据分子筛孔径、化学组成、晶体结构及 SiO_2 与 Al_2O_3 的摩尔比不同，可将常用分子筛分为 A、X 和 Y 型三种类型。天然气脱水常用 4A 和 5A。

在脱水过程中，分子筛作为吸附剂的显著优点是：

(1) 具有很好的选择吸附性。分子筛能按照物质的分子大小进行选择吸附。由于一定型号的分子筛其孔径大小一样，只有比分子筛孔径小的分子才能被分子筛吸附在晶体内部的孔腔内，大于孔径的分子就被"筛去"。通过选用适当型号的分子筛，可以达到选择性地吸附水，减少甚至消除其他气体成分的共吸附作用，因而更加提高了吸附水的能力。

(2) 具有高效吸附容量。分子筛在低水蒸气分压、高温及高气速等苛刻的条件下仍然保持较高的湿容量。图 5-8 为水在不同相对湿度下的平衡湿容量。由图可知，当相对湿度小于30%时，分子筛的湿容量比其他吸附剂都高，随着相对湿度进一步降低，分子筛的湿容量相对更高，这就表明分子筛特别适用于气体及液体深度脱水。

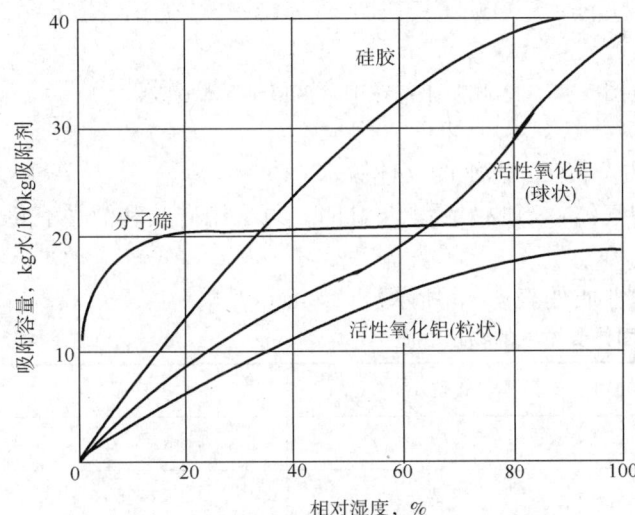

图 5-8　吸附剂静态平衡吸附量与相对湿度的关系

图 5-8 虽然表明在相对湿度较高（例如大于50%）时，硅胶的平衡湿容量比分子筛要高，但这是指静态吸附而言。天然气脱水是在动态条件下进行的，这时如提高气体的线速度，即使相对湿度在50%以上，分子筛的湿容量仍可超过其他吸附剂。表 5-4 是在 0.1MPa 和气体入口温度为25℃、相对湿度为 50% 时不同气体线速下分子筛与硅胶的湿容量比较。由表可知，提高气体线速，硅胶的湿容量比分子筛湿容量下降要快得多。

对于水含量很高的气体，由于分子筛的湿容量不如硅胶和活性氧化铝高，所以最好是用硅胶或活性氧化铝预干燥，然后再将气体中残余的水蒸气用分子筛来脱除，以达到深度脱水的目的。

表 5-4　气体线速对吸附剂湿容量的影响

气体线速 m/min	吸附剂湿容量（质量分数），%	
	分子筛（绝热）	硅胶（恒温）
15	17.6	15.2
20	17.2	13.0
25	17.1	11.6
30	16.7	10.4
35	16.5	9.6

分子筛的高效吸附性还表现在它的高温脱水性能。在高温下只有分子筛才是有效的脱水剂。如图 5-9 所示，图中虚线表示吸附剂在吸附开始时有 2% 残余水的影响。由图可知，各种吸附剂的湿容量都在不同程度上受到温度的影响，温度越高，湿容量越小。在较高温度下虽然活性氧化铝和硅胶几乎丧失了吸附能力，然而分子筛仍保持有相当高的吸附能力。

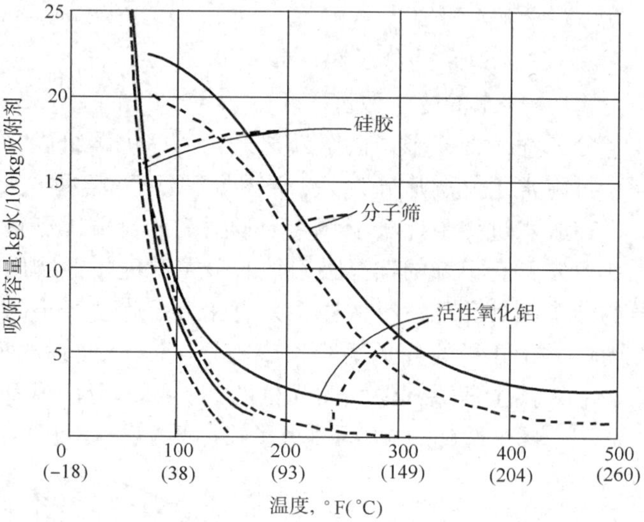

(3) 分子筛使用寿命较长。由于分子筛可有选择性地吸附水，可避免因重烃共吸附而使吸附剂失活，故可延长分子筛的使用寿命。

(4) 分子筛不易被液态水破坏。

图 5-9　常用吸附剂在 1.3332kPa 下水的吸附等压线

由于分子筛不易被液态水破坏，故可用于携带有液态水的气体脱水。

但分子筛的价格较高，对于低含硫的气体，当脱水要求不高时，可采用硅胶和活性氧化铝脱水。

分子筛及其他一些固体吸附剂的物理性质如表 5-5 所示。

表 5-5　固体吸附剂的物理性质

吸附剂	活性氧化铝（F-200）	硅胶（03）	分子筛
孔径，10^{-1} nm（或 Å）	15	10~90	3，4，5，7，8，10
堆积密度，kg/m³	705~770	720	690~750
比热容，kJ/(kg·K)	1.005	0.921	0.963
最低露点，℃	-50~-96	-50~-96	-73~-185
设计吸附容量（质量分数），%	11~15	4~20	8~16
再生温度，℃	175~260	150~260	220~290
吸附热，kJ/kg 水	2 890	2 980	4 190（最大值）

注：表中数据仅供参考，不能作为设计依据，设计所需数据应由制造厂提供。

5) 复合固体吸附剂

复合固体吸附剂就是同时使用两种或两种以上的吸附剂。通常是将硅胶或活性氧化铝与分子筛串联使用，湿气先通过硅胶或活性氧化铝床层，再通过分子筛床层。目前，天然气脱水普遍使用活性氧化铝和 4A 分子筛串联的双床层。它主要具有以下特点：

(1) 既可以减少投资，又可保证干气露点。如前所述，当气体水含量较高时，活性氧化铝有很高的平衡湿容量；而当气体水含量较低（位于吸附剂床层出口处）时，分子筛则具有较高的平衡湿容量。因此，湿气先通过上部活性氧化铝床层脱除大部分水，再通过下部 4A 分子筛床层深度脱除微量水，从而获得很低的露点（低于 $-100℃$）。

(2) 活性氧化铝可作为分子筛的保护层。当气体中携带有液态水、液烃、缓蚀剂及胺类化合物时，位于上部床层的活性氧化铝除用于气体脱水外，还可作为下部分子筛床层的保护层。这是因为胺类化合物可以破坏分子筛的晶体结构，使分子筛永久失活，缩短了分子筛的使用寿命。此外，分子筛虽不易被液态水破坏，但因液态水会增加床层的压力降并使气体产生沟流，因而造成分子筛的磨耗并缩短使用寿命。当采用复合固体吸附剂时就可避免这些现象的发生。

(3) 活性氧化铝再生时能耗比分子筛低。由表 5-4 可知，活性氧化铝的吸附热比分子筛要低，故其再生时的能耗也低。

(4) 活性氧化铝的价格较低。活性氧化铝的价格不仅比 4A 分子筛低，而且比湿容量相同的硅胶（在不高于 30℃时与活性氧化铝具有相同平衡湿容量）也低。

由于活性氧化铝与 4A 分子筛组成的复合固体吸附剂床层具有以上特点，故近几年来在天然气脱水中得到广泛应用。

2. 吸附剂吸附容量

吸附剂吸附容量用来表示单位吸附剂吸附质能力的大小，其单位通常为质量百分数或 kg 吸附质/100kg 吸附剂。当吸附质为水蒸气时，也叫吸附剂的湿容量，单位为 kg 水/100kg 吸附剂。吸附剂的湿容量有两种不同的表示方法，即平衡湿容量和有效湿容量。

1) 平衡湿容量

平衡湿容量是指在温度一定时，新鲜吸附剂与一定湿度的气体充分接触，最后水蒸气在两相中达到平衡时的湿容量。平衡湿容量又分为静态平衡湿容量与动态平衡湿容量两种。在静态条件下测定的平衡湿容量称为静态平衡湿容量，图 5-8 和图 5-9 中的平衡湿容量即为静态平衡湿容量。在动态条件下测定的平衡湿容量称为动态湿容量，通常是指将气体以一定流速连续流过吸附剂床层时测定的平衡湿容量。

2) 有效湿容量

在实际操作中，由于吸附剂床层反复进行脱水与再生，吸附剂的湿容量会由于吸附剂被重烃等杂质污染及再生时高温的影响而逐渐降低。因此，根据经验和经济等因素以及整个吸附剂床层不可能完全利用而确定的设计湿容量称为有效湿容量。

虽然静态平衡湿容量表示了温度、压力和气体组成对吸附剂湿容量的影响，但可以直接用于吸附过程计算的则是动态平衡湿容量和有效湿容量。动态平衡湿容量一般是静态湿容量的 40%～60%。

二、吸附过程特性及工艺流程

1. 吸附过程

目前用于天然气脱水的装置多为固定床吸附塔。图 5-10 所示为只有单一吸附质的气体混合物的基本吸附过程。图 5-10 (a) 是流出吸附剂床层的气体中吸附质的浓度随时间的变化曲线。开始时，吸附质浓度为零；到达时间 t_B 后，吸附质的浓度开始增加；最终，床层出口气体中吸附质浓度与其在进口气体中的浓度相等。其中 C_0 为吸附前天然气中吸附质浓度，t_B 称为吸附过程的转效点，C_B 为转效点浓度，图 5-10 (a) 中的曲线称为转效曲线。

图 5-10 (b) 是吸附剂床层示意图。图中阴影部分为吸附传质段，用床层长度 h_z 表示，在此区域中基本完成吸附质的操作；在吸附传质段上部（即后边线 BB 以上部分）上面的吸附剂已被吸附质饱和，称为饱和吸附段，用床层长度 h_s 表示。在吸附传质段下部（即前边线 AA 以下部分）的吸附剂尚未吸收物质，称为未吸附段，用床层长度 h_b 表示。随着操作时间的延长，吸附传质段不断向下移动，当吸附传质段前边线 AA 达到床层出口端时，达到此吸附过程的转效点，此时，流出床层的气体中，吸附质的浓度开始迅速上升。

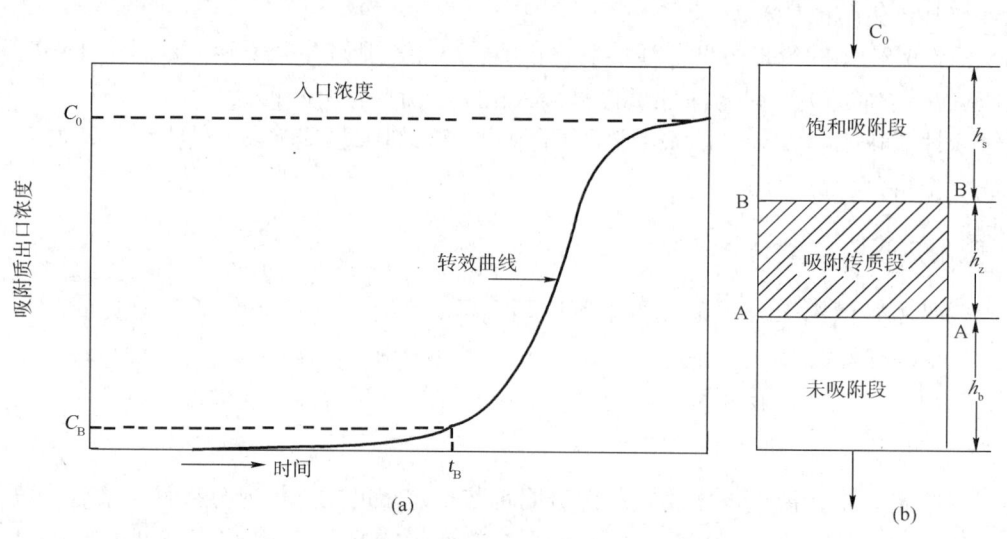

图 5-10　吸附剂床层及转效曲线

对于多组分气体混合物，如含水汽的天然气通过吸附剂床层时，根据固体吸附剂对气体中各组分吸附力的强弱，气体中可被吸附的化合物按不同比例被吸附，出现一连串的吸附传质段。当原料气自上而下流动时，各吸附质均被其吸附传质段前边线（AA）以上的吸附剂所吸附，因而流出吸附段的气体中该组分浓度为零。随着吸附过程的进行，各组分的吸附传质段沿床层下移。当某一组分的吸附传质段前边线到达床层出口时，该组分在出口气体中的浓度迅速上升，这个点就是该组分在此条件下的转效点。当吸附传质段的后边线到达床层出口时，该组分在出口气体中的浓度就与原料气相同。若吸附过程继续进行，该组分就会被其后面的、有较强吸附力的组分所置换，继续沿床层向下移动，经过一定时间后，此组分最终被逐出床层。

在天然气脱水过程中，除活性炭吸附剂外，对其他的吸附剂而言，水都是最强的吸附物，因而水的吸附传质段沿床层移动速度最慢，它可以置换烃类。水的吸附是放热过程，对于压力高于 3.5MPa 的高压天然气，由于其中水汽含量低，水汽吸附时放出的热量被大量天然气带走，因而床层温升不大（约 1~2℃），可视为等温吸附。但若天然气压力较低，其中水汽含量较高时，床层温升显著，为保证吸附过程正常进行，有时需要在吸附床层设置冷却盘管。

2. 再生过程

吸附剂的再生过程是保证吸附剂能够循环正常使用的关键。对于一定的吸附剂，降低温度和升高压力有利于吸附的进行，而提高吸附剂的温度和降低压力就有利于吸附剂的脱附。常用的再生脱附方法主要有升温脱附和降压脱附两种。降压脱附虽然具有能耗低、再生时间短、操作方便等优点，但由于被吸附的产品气体在脱附时不能回收，且还需部分产品气作为吹扫之用，因而收率低，在产品的纯度与收率间存在矛盾，工业上使用不多。

升温脱附是工业上常用的再生方法。这是基于所有的干燥剂的湿容量都是随温度上升而降低这一特点来实现的。通常采用预热的解吸气体通过床层以升高吸附剂温度使吸附质脱附，并将吸附质带出吸附剂床层，从而实现吸附剂再生的目的。

加热再生完成后，吸附剂床层需要冷却，然后重新开始吸附操作。冷却过程通常都通以冷气流进行冷却。冷气流的吹入方向最好与吸附时的气流方向相反，而且冷气流中应不含或少含吸附质。但如采用湿气冷却，冷却气应自上而下流过床层，冷却气中水蒸气被床层上部干燥剂吸附，从而最大限度降低脱水周期中出口干气露点。

3. 工艺流程

采用不同吸附剂的天然气脱水装置的基本流程是相同的，装置可以互换，无需特别的改动。天然气脱水大多采用固定床吸附塔。为保证连续操作，至少需要两个塔，即一个塔进行脱水，另一个塔进行再生和冷却，然后切换操作。在三塔流程中一般是一塔脱水，一塔再生，另一塔冷却。

图 5-11 所示为典型的天然气脱水双塔流程。在流程中，再生气的压力降要考虑到使再生气经过加热器、吸附塔、冷却器和分离后仍有足够的压力回到减压阀后的湿原料气流中。

吸附操作进行到一定时间后，进行吸附剂再生。此时，再生气在加热器内用蒸汽（也可用燃料气直接加热）加热到一定温度后，进入塔内再生吸附剂。当床层和出口气体升至预定温度后再生完毕，关闭通至加热器的蒸汽阀门，湿原料气经过旁通阀门进入吸附塔冷却被再生的床层。当被再生的床层温度冷却到要求温度时，又切换至吸附流程。

吸附操作时塔内气体流速最大，气体从上向下流动，这样可使吸附剂床层稳定，不致动荡。再生时，气体从下向上流动，一方面可以脱除吸附剂床层上端被吸附的物质，不使其流过整个床层，并且可使床层底部干燥剂得到完全再生。因为床层底部是湿原料气吸附干燥过程最后接触的部位，直接影响流出床层的干燥天然气质量。

4. 吸附塔结构

固体吸附剂脱水装置的设备包括进口气涤器（分离器）、吸附塔、过滤器、再生气加热器、再生气冷却器和分离器。当采用脱水后的干气作再生气时，还有再生气压缩机。现将其

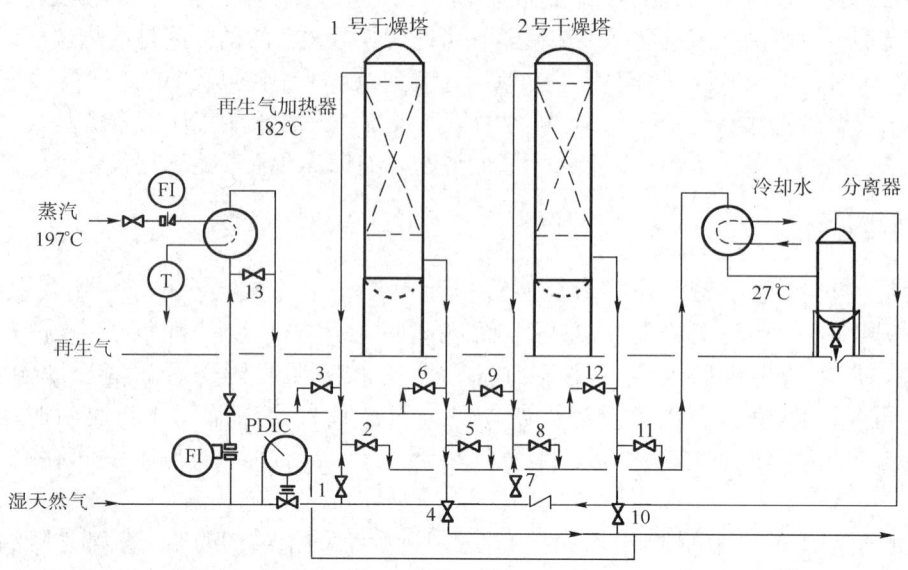

图 5-11　典型的天然气吸附脱水工艺流程图（双塔流程）

主要设备——吸附塔的结构介绍如下。

吸附塔的结构如图 5-12 所示。由图可知，干燥器由床层支承梁和支撑栅板、顶部和底部的气体进口、出口管嘴和分配器（这是由于脱水和再生分别是两股物流从两个方向通过吸附剂床层，因此，顶部和底部都是气体进出口）、装料口和排料口以及取样口、温度计插孔等组成。

在支撑栅板上有一层 10~20 目的不锈钢滤网，防止吸附剂或瓷球随进入气流下沉。滤网上放置的瓷球共两层，上层高约 50~75mm，瓷球直径为 6mm；下层高约 50~75mm，瓷球直径为 12mm。支撑栅板下的支承梁应能承受住床层的静载荷（吸附剂等的重量）及动载荷（气体流动压降）。

分配器（有时还有挡板）的作用是使进入吸附塔的气体（尤其是从顶部进入的湿气，其流量很大）以径向、低速流向吸附剂床层。床层顶部也放置有瓷球，高约 100~150mm，瓷球直径为 12~50mm。瓷球层下面是一层起支托作用的不锈钢浮动滤网。这层瓷球的作用主要是改善进口气流的分布并防止因涡流引起吸附剂的移动与破碎。

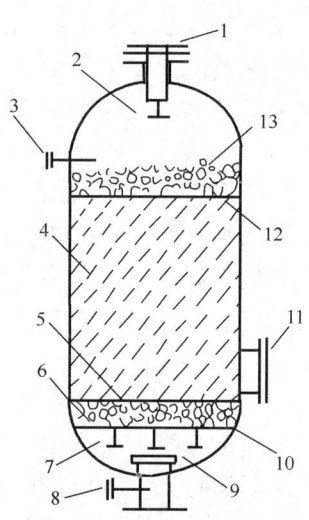

图 5-12　吸附塔结构示意图
1—入口喷嘴/装料口；2、9—挡板；3、8—取样口及温度计插孔；4—吸附剂；5、13—陶瓷球或石块；6—滤网；7—支承梁；10—支撑栅；11—排料口；12—浮动滤网

吸附塔的吸附剂床层中装填有吸附剂。吸附剂的大小和形状依据吸附质不同而异。

由于吸附剂床层在再生时温度较高，故吸附塔需要保温。

三、工艺参数的选择

天然气吸附法脱水工艺主要由吸附操作和再生操作组成，其操作参数应按照原料组成、气体露点要求、吸附工艺特点等予以综合比较确定。

1. 操作周期

操作周期可分为长周期和短周期两类。一般管输天然气脱水采用长周期操作，即在达到转效点时才进行吸附塔的切换；周期通常为8h，也有用16h或24h。当干气的露点要求严格时，应采用较短操作周期，即在吸附传质段前边线达到床层长度的50%～60%时就进行切换。

装置处理量增加或吸附剂使用期限增长时，吸附剂的湿容量都要下降，也会导致转效点时间变化。因此，应按出口干气的露点来控制吸附塔的切换时间，并在干气管线上安装露点测定仪进行调节。

吸附周期加长，意味着再生次数较少，吸附剂寿命较长，但要求床层较长，投资较高。对压力不高、水含量较大的天然气脱水，为避免干燥器尺寸过大，耗用吸附剂过多，吸附周期宜小于等于8h。

2. 吸附操作

（1）操作温度。为了使吸附剂能保持高湿容量，除分子筛外，其他各种吸附剂操作温度不宜超过38℃，最高不能超过50℃，否则应考虑使用分子筛作吸附剂。但是原料气温度也不能低于其水合物形成温度。

（2）操作压力。压力对干燥剂湿容量影响甚微，主要由输气管线压力决定。但在操作过程中应避免压力波动。若吸附塔放空过急，床层截面局部气速过高，会引起床层移动和摩擦，导致吸附剂的破裂甚至于被气流夹带出塔。

（3）吸附剂使用寿命。吸附剂使用寿命决定于原料气性质和操作情况，一般为1～3年。

3. 再生操作

（1）加热方式。通常在总原料气流中抽出一部分气体加热后进入再生床层，然后再回到湿原料气总管或与干燥后气体混合，进入输气干线。

（2）再生温度。再生温度是指吸附剂床层在再生加热时最后达到的最高温度，通常近似取为此时再生气出吸附剂床层的温度。再生温度取决于吸附剂的性质和干气要求的露点（或再生后床层的残余水含量），且因使用的吸附剂不同而不同。分子筛一般为232～315℃，硅胶为234～245℃，活性氧化铝介于硅胶与分子筛之间，并接近分子筛之值。使用较高的再生温度可提高再生后吸附剂的湿容量，但会缩短其有效使用寿命。对分子筛脱水工艺而言，再生温度、干气露点以及再生后分子筛残余水含量三者的关系如图5-13所示。

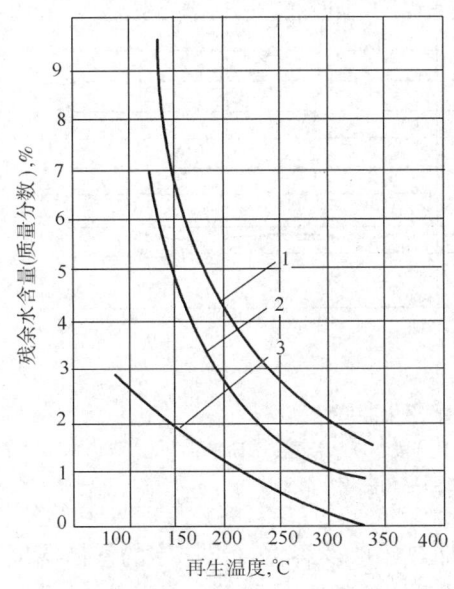

图 5-13　再生温度和干气露点对再生后分子筛残余含水量的影响

再生气露点：1—27℃；2—1.7℃；3——40℃

（3）再生气流量。再生气流量大约为总原料湿气体的5%～15%，由具体操作条件而定。再生气流量应足以保证在规定时间内将再生吸附剂提高到规定的温度。

(4) 加热与冷却时间分配。加热时间是指在再生周期中从开始用再生气加热吸附剂床层到床层达到最高温度（有时，在此温度下还保持一段时间）的时间。冷却时间是指加热完毕的吸附剂从开始用冷却气冷却到床层温度降低到指定值（例如50℃左右）的时间。

对于采用两塔流程的吸附脱水装置，吸附剂床层的加热时间一般是再生周期的55%～65%。对于8h的吸附周期而言，再生周期的时间分配大致是：加热时间4.5h；冷却时间3h；备用和切换时间0.5h。

4. 冷却

(1) 冷却气流量。该流量通常与再生气流量相同。
(2) 最后冷却温度。一般在40～55℃之间，通常为50～52℃。

图5-14为采用双塔流程的吸附脱水装置典型8h再生周期（包括加热与冷却）的温度变化曲线。曲线1表示再生气进干燥器的温度T_H，曲线2表示加热和冷却过程中出干燥器的气体温度，曲线3则表示进料湿气温度。

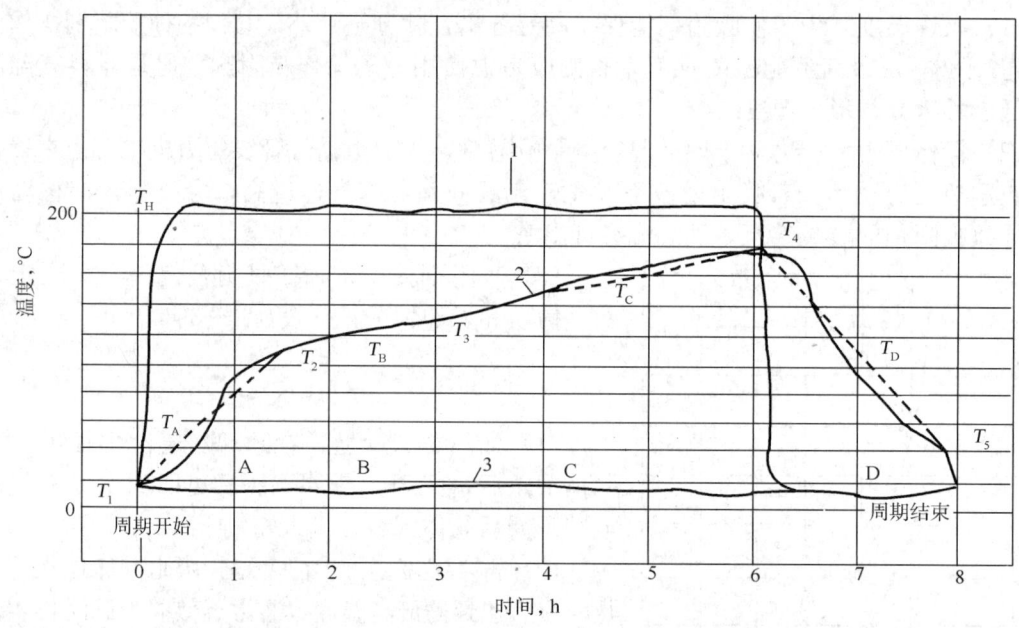

图5-14 再生加热与冷却过程温度变化曲线
A—轻烃脱附阶段；B—吸附水脱附阶段；C—重烃脱附阶段；D—床层冷却阶段；
T_A、T_B、T_C、T_D—A、B、C、D阶段的平均温度

由图5-14可知，再生开始时热再生气进入干燥器加热床层及容器，出床层的气体温度逐渐由T_1升至T_2，大约在116～120℃时床层中吸附的水分开始大量脱附，所以此时升温比较缓慢。待水分全部脱除后，继续加热床层以脱除不易脱附的重烃和污物。当再生时间在4h或4h以上，离开干燥器的气体出口温度达到180～230℃时，床层加热完毕。热再生气温度T_H至少应比再生加热过程中所要求的最终离开床层的气体出口温度T_4高19～55℃，一般为38℃。然后，将冷却气通过床层进行冷却，当床层温度大约降至50℃时停止冷却。因为如果冷却温度过高，由于床层温度较高，吸附剂湿容量将会降低；反之，如果冷却

温度过低,当采用湿气作再生气时,将会使吸附剂(尤其是床层上部吸附剂)被冷却气中的水蒸气预饱和。在一些要求深度脱水的天然气工艺中,为了避免吸附剂床层在冷却时被水蒸气预饱和,多采用脱水后的干气或其他来源干气作冷却气。有时,还可将冷却用的干气自上而下流过吸附剂床层,使冷却气中所含的少量水蒸气被床层上部的吸附剂吸附,从而最大限度地降低吸附周期中出口干气的水含量。

第四节　天然气脱水系统常见故障分析及采取的措施

如前所述,天然气脱水最常用工艺为低温分离法脱水、溶剂吸收法脱水和固体吸附法脱水。根据脱水方法的不同,操作常见故障也有所不同。

一、低温冷凝法

低温冷凝法脱水系统常见故障分析及处理方法如表5-6所示。

表5-6　低温冷凝法脱水单元常见故障及处理方法

序号	常见故障	故障原因	处理方法
1	机械过滤或活性炭过滤差压增大	有固体杂质堵塞过滤器;有降解产物生成	更换过滤元件或活性炭
2	循环泵上量不好	①泵内有气体带入 ②入口过滤器堵塞,过滤前后差压增大	①加强泵出口排空 ②清洗入口过滤器或更换
3	循环泵漏液	机械密封坏	更换机械密封
4	热油炉熄火	联锁保护系统故障	按消除键,重新启动炉子或切换炉子操作
5	制冷量不够	①采用J-T阀制冷,当原料气压力不变时,可能J-T阀开度过大或调节系统故障 ②预冷器换热效果降低 ③采用外制冷时,可能制冷系统故障	①切换J-T阀操作,检修调节系统 ②装置停产,检修预冷器 ③检查丙烷蒸发器液位,补充丙烷或调节蒸发器旁通阀旁通量;装置停产,检修膨胀机
6	系统冻堵	①溶液循环量小,溶液浓度低 ②溶液再生不好 ③保温伴热不好	①补充新乙二醇溶液,增加溶液循环量, ②检查再生系统,提高再生温度 ③检查保温伴热系统,加强伴热保温
7	调节系统故障	①一次检测仪表故障或引压管线堵塞 ②变送器或其他仪表元件故障	①引压管线清堵 ②检修或更换仪表元件

二、吸收脱水法

吸收脱水系统常见故障分析及处理方法如表5-7所示。

表 5-7 吸收脱水系统常见故障分析及处理方法

序号	常见故障	原因分析	处理方法
1	产品气水含量高	①三甘醇贫液浓度偏低 ②贫液循环量低 ③进料气流量增大 ④进料气带液	①提高贫液浓度 ②增加溶液循环量 ③减少天然气处理量 ④加强原料气分离器的分液和排液
2	三甘醇贫液浓度偏低	①再沸器再生温度低 ②再生塔压力高 ③汽提气量太低	①提高再生温度 ②降低再生压力 ③增加汽提气量
3	三甘醇再生塔再沸器排气口溶液冲出	①再沸器升温过快 ②向系统中补充了冷溶液	①降低再沸器温度,然后缓慢升温 ②补充溶液时,先降低再沸器温度,再向系统进溶液
4	三甘醇溶液发泡	①溶液中存在有悬浮的固体 ②溶液中带入了烃类液体 ③甘醇溶液氧化生成了有机酸 ④热分解产物存在	①加入适量消泡剂 ②加强原料气预处理,控制好进吸收塔前各分离器液位,防止烃类带入 ③加强溶液过滤,定期检查吸收塔洗涤段捕集网 ④控制好再沸器温度,定期清洁火管
5	系统腐蚀	①甘醇在氧气存在下迅速氧化生成有机酸 ②再沸器温度过高或局部过热使甘醇分解形成腐蚀性化合物 ③pH值过低	①检查甘醇储罐氮封是否良好,添加适量抗氧化剂 ②控制好再沸器温度,定期清洁火管 ③加硼砂、三乙醇胺或其他中和剂控制pH值
6	盐类污染	随天然气进入系统,沉积于火管上,减少火管的传热效率	加强各液位控制和水的分离,防止自由水进入系统
7	闪蒸罐带油	分离效果不好	确保溶液停留时间(10~20min),加强油的分离
8	过滤器差压增大	有固体杂质堵塞过滤器;有热分解产物生成	更换或清洗过滤元件或活性炭
9	系统冻堵	伴热保温不好或损坏	检修伴热保温系统或更换
10	循环泵上量不好	①泵内有气体带入 ②入口过滤器堵塞,过滤前后差压增大	①加强泵出口排空 ②清洗入口过滤器或更换
11	循环泵漏液	机械密封坏或间隙过大	更换机械密封
12	调节系统故障	①一次检测仪表故障或引压管线堵塞 ②变送器或其他仪表元件故障	①引压管线清堵 ②检修或更换仪表元件

三、吸附脱水法

吸附脱水系统常见故障分析及处理方法如表 5-8 所示。

表 5-8 吸附脱水系统常见故障分析及处理方法

序号	常见故障	原因分析	处理方法
1	再生气空冷器腐蚀	高温下 CO_2 和水形成一种腐蚀性的酸	定期对弯头、管束等地方进行壁厚监测,按时更换
2	系统冻堵	介质温度过低,伴热保温损坏	提高介质温度,加强伴热保温
3	热油炉熄火	联锁保护系统故障	按消除键,重新启动炉子或切换炉子操作
4	调节系统故障	①一次检测仪表故障或引压管线堵塞 ②变送器或其他仪表元件故障	①引压管线清堵 ②检修或更换仪表元件

第六章 天然气凝液回收

第一节 天然气凝液回收的目的

从井中出来的天然气（包括气田气、油田伴生气及凝析气田气）是多组分烃类混合物。如果把天然气中的 C_2、C_3、C_4 等较重烃类组分提取出来，可以降低天然气的露点，调整天然气的发热量，改善商品气的质量，同时还可提高整个天然气的经济价值。

提取出来的乙烷、丙烷、丁烷，以及丙、丁烷混合物（即液化石油气 LPG）和天然汽油、凝析液等，主要成分为 $C_2 \sim C_6$，统称为天然气凝液（NGL），也叫轻烃。

一、凝液的利用价值

天然气凝液回收是天然气工业的重要组成部分。NGL 回收得以重视和发展的根本原因是因为 NGL 具有很高的经济利用价值。它不仅是石油化工和石油精细化工的重要原料，也是优秀的燃料，用途十分广泛。

1. 石油化工装置的基础原料

NGL 是国内外首选的乙烯装置优质裂解原料，用以生产乙烯、丙烯及一系列其他产品，同时在单体烃的化学转化以生产其他石油化工、有机化工、精细化工产品方面也取得了很大发展，例如丙烷脱氢制丙烯、丁烷异构脱氢制异丁烯、丙丁烷芳构化制芳香烃、正丁烷选择氧化制顺酐，以及丙烷硝化制硝基烷烃等等。

这些以 NGL 为原料发展的石油化工有着很高的经济效益。

2. 优质的燃料

用作燃料的轻烃主要成分为 C_3 和 C_4，也称其为液化石油气（LPG）。

在世界 LPG 消费结构中主要用于住宅及商业燃料。在我国，由于经济的快速增长和人民生活质量的显著提高，LPG 需求量大幅增长。而且这种趋势还将继续。

LPG 还可以用作车用燃料。LPG 作为汽车的替代燃料，其发热量略高于汽油。与汽油相比，LPG 的辛烷值高（表 6-1），排放的污染物少（表 6-2），挥发性高，故冬季及寒冷区域启动性好，不会稀释和污染润滑油；其缺点是需配置蒸发器及调压器，并需专门的加油设备，行车距离也受到限制，因此适合城市公交车辆。

表 6-1　LPG 各组分的辛烷值

组　　分	丙　烷	正丁烷	异丁烷
研究法辛烷值	111.4	94.0	102.1
马达法辛烷值	99.5	89.1	97.6

表 6-2　城市正常行驶中 LPG 及汽油排放的污染物　　（单位：g/km）

污染物 油品	CO	烃	NO_x	固体颗粒物
LPG	1.23	0.18	0.36	0.005
汽油	3.02	0.47	0.28	0.007

3. 其他用途

NGL 除用作石化原料和燃料外，还有多种其他重要用途。例如，掺入原油以降低其粘度而便于输送；生产多种牌号的溶剂油及气雾剂；丙烷是常用的冷剂及溶剂，还可用作金属切割气体；乙烷也可作为冷剂使用等等。

二、凝液对天然气集输过程的不良影响

NGL 有很高的回收价值和经济效益，而且如不予以分离回收，在天然气集输等过程中可能会凝结成液体，从而对集输等过程产生不良影响。

1. 影响天然气的烃露点

天然气的烃露点指在一定压力下，气相中析出第一滴微小的烃类液体的平衡温度。烃露点决定于压力及天然气的组成，特别是重烃含量。

世界各国一般都根据本国国情特别是气温条件规定天然气的烃露点。如美国规定《天然气》的烃露点指标为 0℃。我国的《天然气》（GB 17820—1999）质量指标中要求天然气中不存在液态烃。此外，在《输气管道工程设计规范》（GB 50251—2003）的气质标准中则规定烃露点应低于最低环境温度。

2. 影响管输效率和安全

液烃在输气管道内析出的主要危害是它将聚集在管道的低洼处，从而使管道流通截面减小，影响输气能力，降低管输效率。

此外，输气管道中凝液的排放存在安全隐患。天然气凝液具有易燃易爆性，若输气管道中凝液的排放不规范则容易引发燃烧和爆炸事故。

3. 影响天然气净化

凝液如不能很好分离而随粗天然气进入净化装置，将可能导致产生严重的操作问题。

对于常规的胺法或砜胺法脱硫装置，烃液体将可能导致溶液发泡而使天然气脱硫工艺无法正常运行；对于采用其他工艺的脱硫装置，烃液体如随酸气进入硫黄回收装置，将会严重影响燃烧炉的运行，导致催化剂性能降低乃至出现"黑"硫黄。

三、凝液回收的前提条件

NGL 虽然是天然气很有价值的伴生产品，但可否建设回收 NGL 的装置，是需要一定的前提条件的。概括起来有资源条件和市场条件两个重要方面。

1. 资源条件

NGL 首先是一种资源，因此其资源量是可否建设 NGL 回收装置的首要前提。在各种类型的天然气中，特别是油田伴生气和凝析气中，含有丰富的 NGL 组分。在本书第一章介绍了天然气根据凝液含量进行分类的方法。显然，富含 NGL 的天然气有着更好的加工价值。此外，天然气的日产量以及可开采的年限也是决定是否可以建设 NGL 回收装置的主要依据。

2. 市场条件

如果有足够大量的 NGL 资源，可以在进行系统的技术经济比较的基础上建设大型乙烯装置。中国乙烯装置的生产能力及产量还远远不能满足国民经济发展的需要。

另外，我国的 LPG 市场潜力很大。随着我国人民生活质量的显著提高，LPG 作为住宅及商业燃料的用量急剧增长。据估计，到 2010 年，我国的 LPG 需求量和供应量分别是 2470×10^4 t 和 1270×10^4 t。

C_5^+ 凝析油可用于生产溶剂油，但溶剂油的市场是比较狭小的。

事实上，只要有良好的市场环境，气量是有保证的；即使气质不太富，即 NGL 含量不高，也有可能取得良好的经济和社会效益。

第二节 天然气凝液回收工艺

NGL 回收可在油气田矿场进行，也可以在天然气加工厂、气体回注厂中进行。从天然气中回收 NGL 的方法很多。早期使用常温吸附法和油吸附法来提取天然气液烃。随着工艺发展，包括冷凝分离法、Mehra 法、变压吸附法、膜分离法等 NGL 回收的方法都受到很大重视。目前在 NGL 回收领域居于主导地位的工艺是冷凝分离法。

图 6-1 为各种 NGL 回收方法的分类情况。

鉴于目前世界各国都广泛采用冷凝分离法来提取（脱除）天然气中的液烃，因此本节着重介绍此类回收工艺。

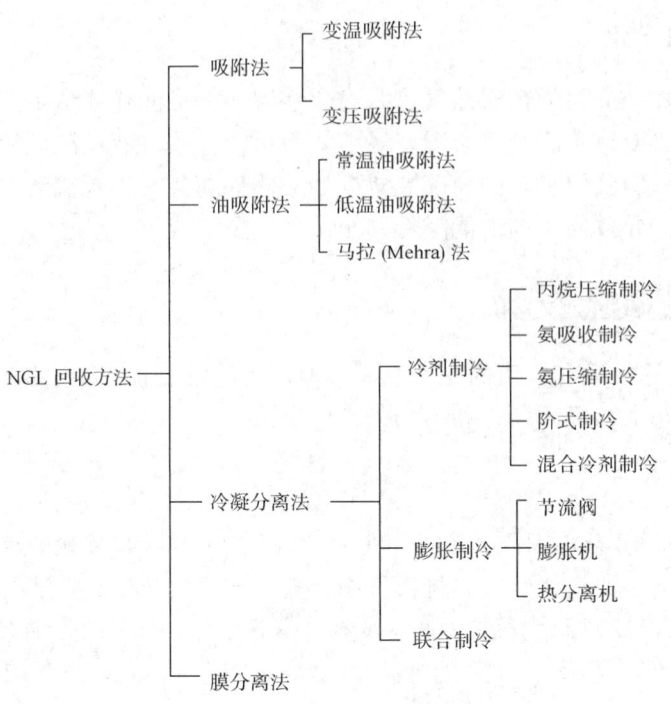

图 6-1 NGL 回收方法分类图

冷凝分离法是利用在一定压力下天然气中各组分的挥发度不同,将天然气冷却至露点温度以下,得到一部分富含较重烃类的天然气凝液,并使其与气体分离的过程。分离出的天然气凝液又往往利用精馏的方法进一步分离成所需要的液烃产品。通常,这种冷凝分离过程是在几个不同温度等级下完成的。此法最根本的特点是需要向气体提供足够的冷量使其降温。按照提供冷量的制冷系统不同,冷凝分离法可分为利用气体本身的压能通过降压膨胀制冷和利用冷剂将天然气通过间接换热制冷两类。当然也可将这两种制冷手段加以组合形成联合制冷工艺。

一、冷剂制冷工艺

冷剂制冷法也称为外加冷源法,此类方法是利用物质相变的吸热效应而实现制冷。在冷剂制冷工艺中,对于所加工的天然气而言,是通过传热从冷剂处获得冷量的,工艺的关键原理则是冷剂本身的制冷循环,其制冷能力与原料气无直接关系。

在 NGL 回收中,多使用冷剂蒸气压缩制冷工艺,其能耗较低。在单一冷剂制冷的基础上,为了达到更低的温度和消耗更少的能量,又开发了阶式制冷和混合冷剂制冷。前者的特点是可以产生几个不同温度等级的冷量,但投资较高;后者的特点是由于可降低传热温差而提高了能量效率,但要求冷剂有很稳定的组成。

1. 常用冷剂

理想的冷剂应当是易冷凝、蒸发潜热大、沸点及压力适当、临界温度较高,同时应不爆炸、无毒、无腐蚀且价格便宜。实际冷剂不可能全部满足这些要求,可供选择的冷剂有几十种,在 NGL 回收中常用的冷剂有氨、丙烷、乙烷及氟利昂等。它们作为冷剂的主要性质见表 6-3。

表 6-3　常用冷剂的主要制冷性质

冷　剂	相对分子质量	沸点 ℃	凝固点 ℃	蒸发潜热 kJ/kg	临界温度 K	临界压力 MPa	绝热指数 (15.6℃)
氨	17.03	−33.4	−77.7	1371.93	405.65	11.15	1.32
丙烷	42.08	−42.1	−187.7	426.05	369.95	4.20	1.13
乙烷	30.07	−88.6	−183.3	488.76	305.45	4.82	1.18
F-12	120.91	−29.8	−155.0	166.89	385.15	4.09	1.138
F-22	86.48	−40.8	−160.0	164.43	369.65	5.03	1.184（30℃）

氨是 NGL 回收中常用的冷剂,适用于原料气冷冻温度高于−25～−30℃时的工况。其优点主要是单位容积制冷量大且价廉易得,缺点是有毒、有刺激性、易燃易爆、制冷温度不够低等。

使用丙烷或乙烷可获得更低的温度。丙烷适用于原料气冷冻温度高于−35～−40℃时的工况。以乙烷、丙烷为主的混合冷剂也适用于原料气冷冻温度低于−35～−40℃时的工况。

氟利昂是一类烷烃的氟,有不同沸点且范围很大。它们无毒、无臭、不燃不爆,是很好的冷剂。其缺点是能溶于润滑油。

2. 相变制冷原理及过程

相变是指物质聚集态的变化。物质在发生相态变化时,必然伴随着一定数量的能量交换。相变制冷就是利用某些物质相变时的吸热效应:固体物质的融解或升华、液体的汽化等都是吸热的相变过程。通过这些过程吸收大量热量（潜热）,从而可获得低温。

由于升华或融解不能连续提供冷量,不适用于气体分离。在天然气分离工业中最常见的是利用物质由液态转化为蒸汽的吸热效应制冷,称之为汽化制冷,相变介质称为制冷剂。为了实现汽化制冷,普遍采用的制冷系统有蒸气压缩式、吸收式和蒸汽喷射式三类。以蒸气压缩式应用最广泛。该制冷系统包括 4 个主要设备:压缩机、冷凝器、膨胀机或节流阀、蒸发器。设备之间用管道连接成为一个完全封闭循环。在如图 6-2 所示的系统中,按以下过程进行制冷循环操作。

（1）蒸发过程。制冷剂液体（如液氨）在状态 4 的低温、低压下送入蒸发器管间,与管内的被冷流体（如原料气）换热。在蒸发器内制冷剂吸热而气化（状态 1）,被冷流体放热而得以降温。

（2）压缩过程。为了循环使用制冷剂,可将离开蒸发器的低压低温气态制冷剂通过压缩机,压缩成为高压、高温的制冷剂蒸气（状态 2）。

（3）冷凝过程。把处于状态 2 的制冷剂饱和蒸气引入冷凝器中,与低温的水或空气接触,使制冷剂蒸气变为同温、同压的饱和液体。

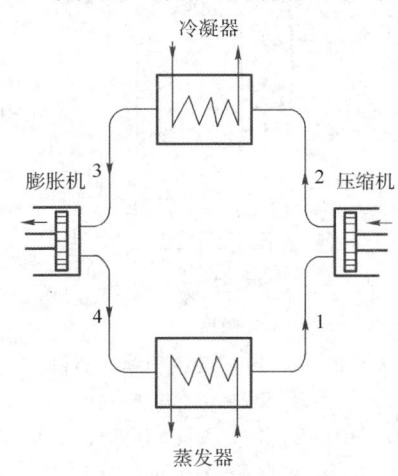

图 6-2　蒸气压缩制冷循环

(4) 膨胀过程。从冷凝器流出的液态制冷剂处于状态 3（高温、高压），经节流降压（或膨胀机作外功）而降温，使制冷剂的温度远低于被冷流体的温度再导入蒸发器中。

3. 冷剂制冷工艺

在冷剂制冷系列工艺中，单级压缩制冷系统是基础。为了获得更低的温度以及不同温度级别的冷量，也为了取得更高的能量利用效率，单一冷剂开发了带节能器的系统以及多级系统，还有将不同冷剂组合的阶式制冷系统、混合冷剂系统以及新开发的 PetroFlux 工艺。

1) 冷剂蒸气单级压缩制冷工艺

冷剂蒸气单级压缩制冷工艺一般多使用氨或丙烷作为冷剂，用以回收凝析油和部分 LPG，如图 6-3 所示。采用冷剂制冷法从油田伴生气中回收 NGL，往往需将其升压，加入乙二醇用以防止生成水合物。

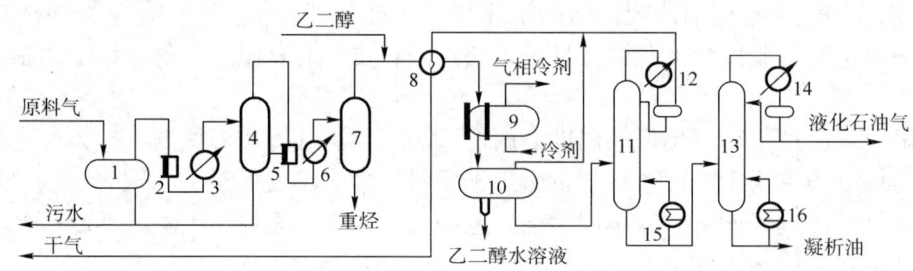

图 6-3　冷剂制冷法回收 NGL 工艺流程图

1—原料气分离器；2、5—原料气压缩机；3、6—水冷却器；
4、7—分离器；8—气/气换热器；9—冷剂蒸发器；10—低温分离器；11—脱乙烷塔；
12—脱乙烷塔塔顶冷凝器；13—脱丁烷塔；14—脱丁烷塔塔顶冷凝器；15、16—再沸器

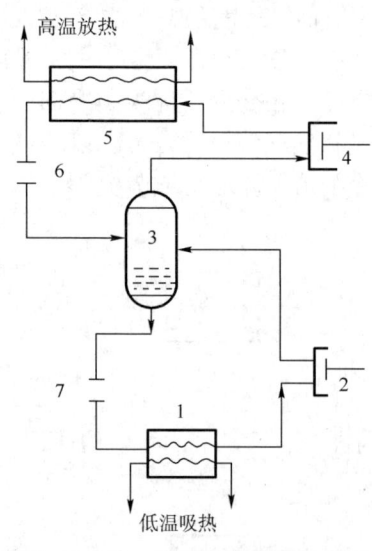

图 6-4　单一冷剂两级压缩示意图

1—蒸发器；2——级低压压缩机；
3—节能器；4—二级高压压缩机；
5—冷凝器；6—高压节流阀；
7—低压节流阀

为使天然气获得更低的温度，常常采用来自蒸发器的蒸气将已冷凝的冷剂进一步冷却使之过冷的单级压缩制冷系统。

2) 单一冷剂两级压缩制冷系统

当压缩比大于 8 时，一般采用两级压缩，所产生的冷量比一级压缩多。因其压缩比小，等熵效率高，消耗的功也少。图 6-4 为其示意图。在图中，在一级压缩出口至二级压缩入口之间有一中间罐，在此压力下物流可作部分闪蒸，它常被称为节能器，可节省功 15%～20%，冷凝器负荷减少 8%～10%。

此系统也被称为带节能器的压缩制冷系统。图 6-5 即为丙烷两级制冷回收 NGL 流程图。

3) 单一冷剂多级蒸发的压缩制冷工艺

若当回收 NGL 工艺系统需要提供几个温度级别的冷量时，可采用多级制冷的压缩制冷工艺。

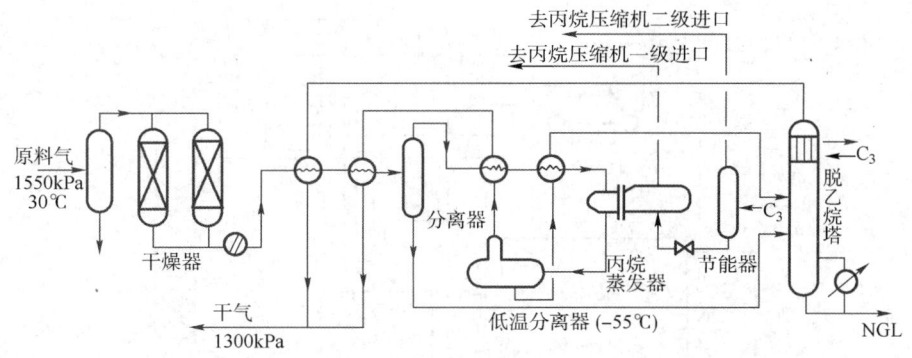

图 6-5 丙烷两级制冷回收 NGL 流程图

图 6-6 为以丙烷作为冷剂的三级蒸气压缩制冷系统，它可提供 −50℃、−25℃ 和 −5℃ 三个级别的冷量。

4）阶式制冷工艺

阶式制冷系统又称为复叠式制冷系统。它采用丙烷或氨作为单一冷剂，制冷温度一般为 −30～−40℃。如需达到更低温度（−60～−80℃），则须选择乙烷（常压沸点为 −88.6℃）或其他冷剂。但乙烷的临界温度为 32.2℃，不可能在环境温度下以水冷凝，故此时需使用丙烷-乙烷阶式制冷系统。如要获得 −120℃ 以下的更低温度，则还要加用甲烷冷剂，形成三级阶式制冷系统。

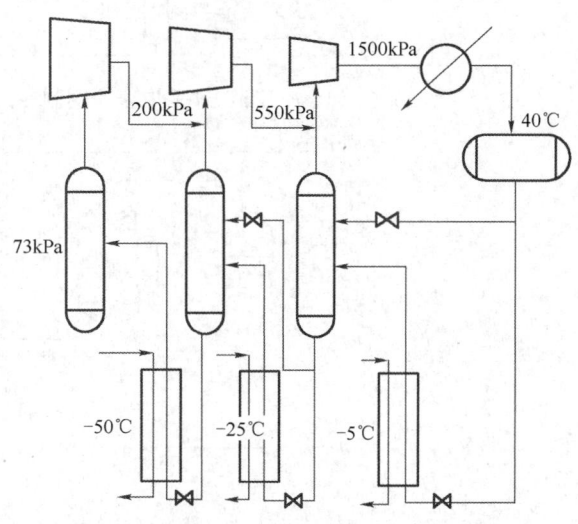

图 6-6 丙烷三级蒸气压缩制冷系统示意图

图 6-7 为丙烷—乙烷两级阶式制冷系统的示意图。阶式制冷系统能耗低，但装置流程及操作复杂，在 NGL 回收装置中使用并不多。

5）混合冷剂制冷工艺

混合冷剂制冷工艺（MRC）于 20 世纪 70 年代在天然气液化装置中普遍取代了阶式制冷工艺，在 NGL 中也有应用。由于冷剂是混合物，故蒸发是在一定的温度范围内完成，即可获得不同的温度级别。在整个工艺中仅需采用一台或几台同样类型的压缩机，令工艺流程较阶式制冷工艺大为简化，投资也随之降低。

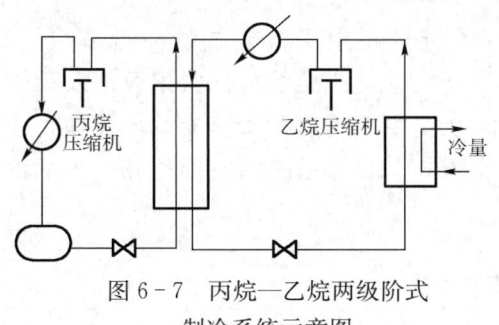

图 6-7 丙烷—乙烷两级阶式制冷系统示意图

在 NGL 回收中，当原料气较富或它与外输干气压差甚小的情况下，采用混合冷剂法是有利的。图 6-8 为混合冷剂制冷回收 NGL 的工艺流程示意图，冷剂由 30%C_1、25%C_2、35%C_3 和 10%C_4 组成。

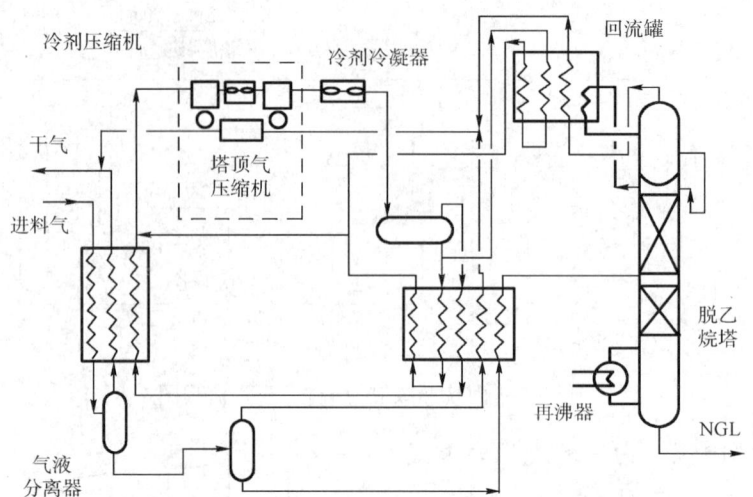

图 6-8 混合冷剂制冷回收 NGL 流程示意图

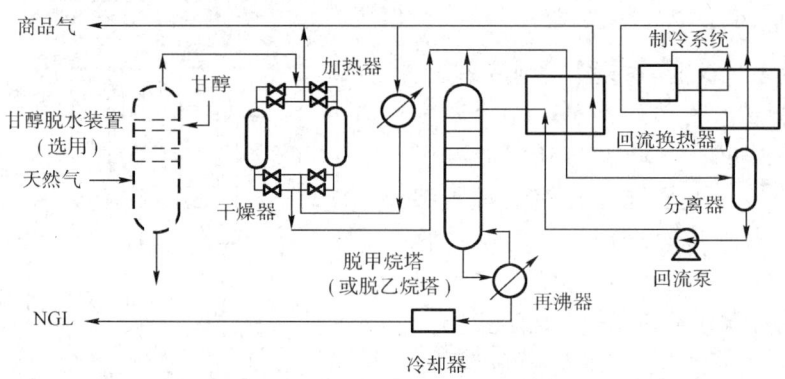

图 6-9 PetroFlux 工艺流程图

6) PetroFlux 工艺

英国 Costain Petrocarbon 公司开发的 PetroFlux 工艺流程如图 6-9 所示。

PetroFlux 工艺的关键是使用了板翅式的回流换热器。它可以视为非绝热的湿壁塔，气流中的可回收组分能获得充分的冷凝回收。在实际装置中采用这种回流换热器能获得更好的冷凝效果。围绕如图 6-10 所示的回流换热器各点的温度情况示于表 6-4。

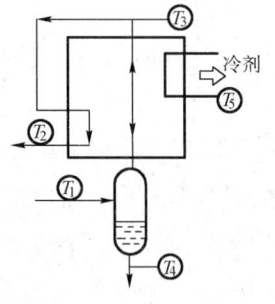

图 6-10 PetroFlux 回流换热器

表 6-4 回流换热器各点温度

位 置	T_1	T_2	T_3	T_4	T_5
设计值, ℃	-38.3	-45.0	-70.0	-40.0	-73.9
运行值, ℃	-41.8	-47.2	-72.7	-43.0	-73.6

与常规的单级膨胀机工艺相比，PetroFlux 工艺有如下特点：

——如商品气要求的压力较高，膨胀机工艺所得的低压干气需再压缩，能耗较高，而此工艺的压降较小；

——回流换热器的操作压力高于膨胀机工艺中的稳定塔,提高了制冷温度,降低了能耗;
——换热器的传热温差较小,故换热系统的㶲效率较高。

二、膨胀制冷工艺

膨胀制冷法是利用天然气本身的压力经膨胀降压而产生温度的降低。此法的特点是不需另设独立的制冷系统,原料气降温所需的冷量由气体直接经过串接在该系统中的各种类型膨胀制冷元件来提供。因此,制冷能力直接取决于气体的压力、组成、膨胀比及膨胀制冷元件的热力学效率等。

常用的膨胀制冷元件有节流阀、透平膨胀机及热分离机等。在膨胀制冷工艺中,由于透平膨胀机不仅有较高的效率,而且可以输出相当量的机械功,因此目前此法在膨胀制冷工艺中居于主导地位。下面先介绍透平膨胀机,再介绍三种膨胀制冷工艺。

1. 透平膨胀机

透平膨胀机是压缩气体通过喷嘴和工作轮时减压膨胀,在物流冷却的同时推动工作轮而输出功的设备。它具有体积小、重量轻、结构较简单、气体处理量大、冷损少、不污染气体、不需润滑、运行效率高、调节性能好、操作维护方便、安全可靠和使用寿命长等优点。

1)透平膨胀机工作原理与结构

根据能量转换和守恒定律,气体在透平膨胀机中进行绝热膨胀时,对外做功,能量降低,产生一定的焓降,使气体本身的温度下降。透平膨胀机的结构如图6-11所示。

透平膨胀机实际上是透平式压气机的反向作用。高压天然气流过透平式膨胀机的喷嘴和工作轮时,气体膨胀产生的高速气流,冲击透平膨胀机的工作叶轮,叶轮产生高速旋转。高速旋转的叶轮可产生一定的动力,能对外做功。与此同时,膨胀后的气体温度和压力下降。这是膨胀机工作时产生的两个重要现象。换言之,透平膨胀机就是利用介质流动时速度的变化来进行能量的转换。透平膨胀机不仅可以提供冷量,膨胀产生的功还可以用于驱动压缩机或发电机等设备。

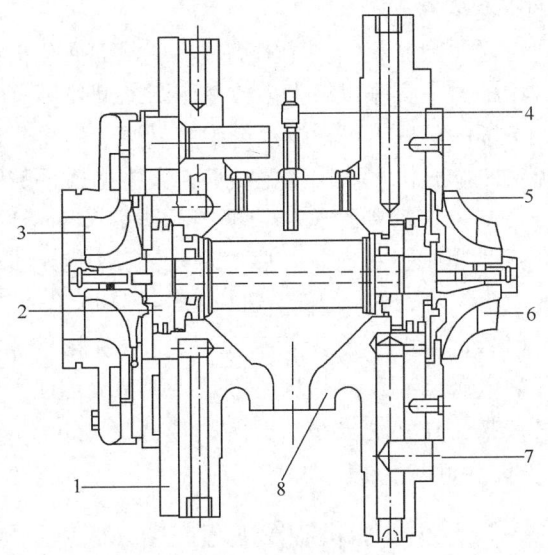

图6-11 透平膨胀机结构
1—隔热材料;2—轴封;3—膨胀轮;4—转速探头;
5—迷宫密封;6—压缩机叶轮;7—密封气体和推力平衡;
8—排油口

2)透平膨胀机的分类

透平膨胀机按气体在工作轮中的流向可分为轴流式、向心径流式(径流式)和向心径—轴流式(径—轴流式)三类,如图6-12所示。根据气体在工作轮中是否继续膨胀可分为反作用式(反击式)和冲动式(冲击式)两类。NGL回收装置中所使用的透平膨胀机多为向心径—轴流反作用式。

对于常用的向心径—轴流式工作轮,其轮盘结构分为半开式、闭式和开式,如图6-13所示。

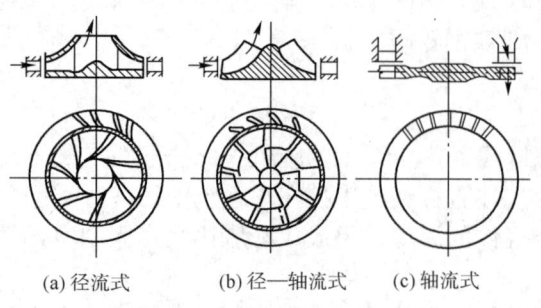

图 6-12 透平膨胀机通流部分的基本型式
(a) 径流式 (b) 径—轴流式 (c) 轴流式

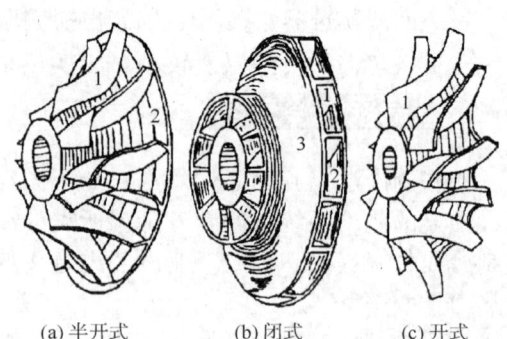

图 6-13 径—轴流式工作轮的型式
(a) 半开式 (b) 闭式 (c) 开式
1—叶片；2—轮背；3—轮盖

透平膨胀机中通常采用半开式和闭式两种，开式工作轮结构上无前、后盖板，目前已很少使用。闭式工作轮由叶片、前盖板和后盖板等组成，内漏少，效率高，但制造成本高，多用于大型透平膨胀机。半开式工作轮一侧敞开，仅有叶片和后盖板。对于低压、流量较大的膨胀机而言，半开式与闭式的效率差别不大，而制造成本较低，故在中小型透平膨胀机中获得广泛应用。

透平膨胀机结构中喷嘴按流道截面变化情况可分为渐缩型喷嘴和缩放型喷嘴。在 NGL 回收中的透平膨胀机绝大多数使用渐缩型喷嘴。喷嘴按流道喉部截面可否变化分为固定喷嘴和可调节喷嘴，后者可根据运行中冷量调节的需要改变流道截面面积，从而提高运行的经济性。小型透平膨胀机多使用固定喷嘴，大中型透平膨胀机普遍采用结构较复杂的可调节喷嘴。

另外，透平膨胀机根据工作压力范围不同有单级和多级之分；按照工质在膨胀过程中的状态，膨胀过程有气相膨胀和气液两相膨胀之分；按工作压力不同，透平膨胀机还可分为低压（0.5~0.6MPa 膨胀到 0.13~0.14MPa）、中压（1.5~1.6MPa 膨胀到 0.1MPa 或 0.5~0.6MPa）和高压（≥1.6MPa）；按膨胀机处理气体的体积流量不同，可分为大型（≥10000m^3/h）、中型（400~10000m^3/h）、小型（≤1000m^3/h）及微型（≤250m^3/h）四种；按工作转速大小可分为高速（15000r/min）、中速（7000~15000r/min）、低速（1500~3000r/min）三种。

2. 透平膨胀机制冷工艺

1964 年美国首先将透平膨胀机制冷技术用于 NGL 回收过程中。由于此法具有流程简单、操作方便、对原料气组成的变化适应性大、投资低及效率高等优点，因此发展很快。美国新建或改建的天然气液回收装置有 90% 以上采用了透平膨胀机制冷工艺。

透平膨胀机制冷工艺有单级制冷（ISS），也有两级膨胀机串联起来的多级制冷。

1）单级膨胀机制冷工艺

某油田膨胀机制冷回收 NGL 工艺装置的示意流程示于图 6-14。该装置处理量为 $30×10^4 m^3/d$，使用的膨胀机为单级径—轴流向心反作用式，工作轮为半

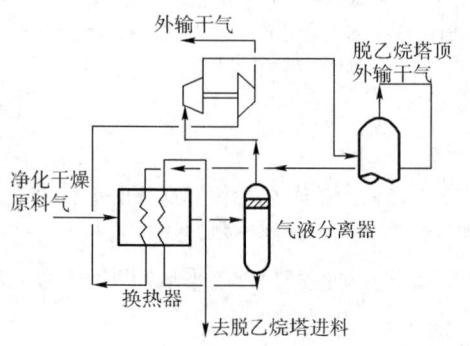

图 6-14 某膨胀机回收 NGL 工艺示意图

开式，其外径仅100mm。装置原料气入冷箱压力3.6MPa，温度14℃，出膨胀机压力1.72MPa，温度-81℃，外输干气压力1.64MPa，温度6℃，膨胀比为2.07，C_3收率约66%。

2) 两级膨胀机制冷工艺

在单级膨胀制冷所获得的冷量不足的情况下，两级膨胀制冷也是可供选用的方法之一。图6-15为某油田采用的两级膨胀制冷装置的流程图。该装置处理量为$60\times10^4 m^3/d$，进料压力0.127～0.147MPa，两个膨胀机一个将物流从5MPa、-56℃降至1.73MPa、-97～-100℃，另一个则从1.70MPa、28℃降至0.45MPa和-34～-53℃，膨胀比分别为2.67和4.5，C_2收率为85%，供作乙烯装置原料。

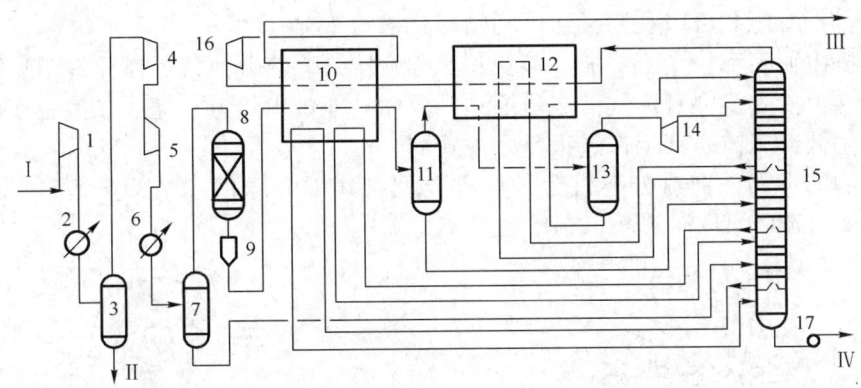

图6-15 某两级膨胀制冷装置流程图

1—油田气压缩机；2—冷却器；3—沉降分水罐；4、5—膨胀机驱动的增压机；6—冷却器；
7、11、13—凝液分离器；8—分子筛干燥器；9—粉尘过滤器；10、12—多股流板翅式换热器；
14、16—透平膨胀机；15—脱甲烷塔；17—NGL泵；Ⅰ—油田气；Ⅱ—脱出水；Ⅲ—干气；Ⅳ—NGL

3. 节流制冷工艺

节流制冷工艺可在不适于采用膨胀机的工况条件下采用。虽然其温降效果相对较差，NGL回收率较低，但投资费用低。

1) 节流阀

节流阀又叫膨胀阀，常用的是针形阀。它是一种十分简单的制冷元件，如图6-16所示。

节流阀的工作原理是气流产生了焦耳—汤姆逊（J-T）效应。对于理想气体，其焓值仅是温度的函数；而真实气体的焓值则是温度和压力两者的函数。故在节流膨胀时，随压力的变化，为维持焓值不变，其温度也要变化，这就是焦耳—汤姆逊效应。

节流阀是压力气体通过节流膨胀，从而降压、降温，降压后，使其变成了温度更低的冷流。由于J-T效应是一个不可逆的等焓过程，故节流阀制冷量比膨胀机少得多。

节流阀除单独使用外，还可作为辅助制冷手段与膨胀机法或冷剂制冷法等联合使用。事实上，节流阀也是膨胀机装置中不可缺少的开工制冷元件。

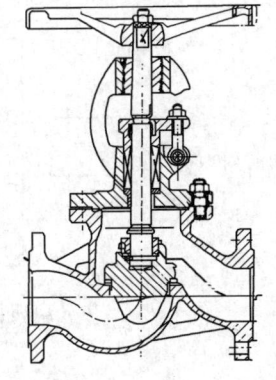

图6-16 节流阀

2) 节流阀制冷工艺

作为一个将压能转换为冷能的元件，较大的压降可使节流阀产生较大的温降，且天然气组分越富，温降也越大。通常每降低 0.1MPa，可使气温下降 0.5～1℃。

为防止水合物生成，在节流阀之前需先行脱水或注入水合物抑制剂（如乙二醇）。

图 3-13 即为使用节流阀制冷回收 NGL 的典型流程图。

4. 热分离机制冷工艺

热分离机是一种将压能转化为冷能和热能的设备，这是由形成脉冲的间歇的动力气造成的。它的等熵膨胀效率低于膨胀机，在相同的膨胀比下降温效果差，但优于节流阀。因此热分离机法适合于有压差可以利用又达不到制冷要求的工况。

热分离机由喷嘴和接受管组成。接受管也称变压管。热分离机工作原理是喷嘴降压产生的高速气流冲击接受管内残留气使之压缩并升温而向外传出热量，随后在接受管排气时压力降低膨胀产生低温气体。其工作过程是脉冲式的。

按照结构的不同，把热分离机分为两种类型：其一为静止式（STS 型），见图 6-17；其二为旋转式（RTS 型），见图 6-18。

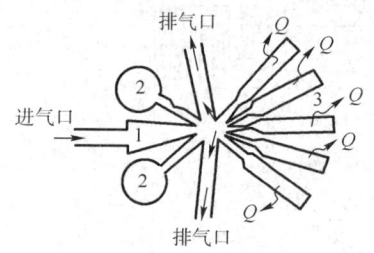

图 6-17 STS 型热分离机
1—喷嘴；2—共振器；3—接收管

图 6-18 RTS 热分离机
1—旋转分配器；2—变压管束

STS 型热分离机没有任何运动部件，动力气体从喷嘴喷入接受管，喷嘴两侧设置有共振器，其振动频率在 100～700Hz 之间。共振器自动产生脉冲压力，调节着喷流方向，使之分配进入平面上的各列接受管中。这是一种简单耐用的制冷装置，其最大效率可达等熵膨胀的 40%。

RTS 型热分离机是动力气流进入旋转式气体分配器中，经过喷嘴变成高速气流喷射到膨胀管中，同时由于气流在气道中的矢量变化，使旋转分配器产生自转，实现对膨胀管依次喷射循环。其转速为 1000～3000r/min。这种热分离机的效率为等熵膨胀的 70%左右，最高可达 80%。

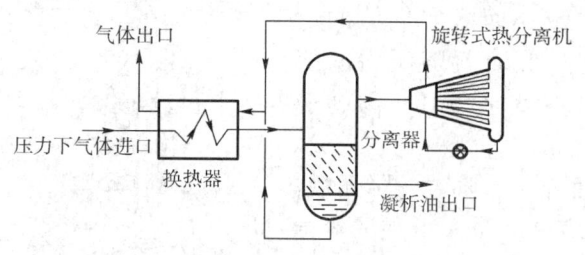

图 6-19 热分离机回收 NGL 原理流程图

热分离机制冷法在油田伴生气和凝析气的处理中都有较广泛的应用。该法回收 NGL 原理流程如图 6-19 所示：将已脱水的原料气引入换热器的管程，热分离机出口引出的冷冻气走壳程，在换热器中实现冷、热气体之间的热交换，原料气获得冷量而使温度大大降低，致使气中的较重烃类凝析出来，随后进入低温分离器中进行分离；凝析液从分离器下部引走，而由分离器上部引出的气体导入热分离机进行等熵绝热膨胀，使气体冷冻，并引入换热器的壳程用以冷冻原料气，形成一个制冷循环；最后把已交出冷量（获得热量）的膨胀气外输。

三、联合制冷工艺

现阶段，国内外不少大型 NGL 回收工艺采用的都是联合制冷法。联合制冷法又称为制冷剂与直接膨胀联合制冷法。顾名思义，此法是冷剂制冷法与直接膨胀制冷法二者的联合，即冷量来自两部分：一部分由膨胀制冷法提供；一部分则由冷剂制冷法提供。在这里，膨胀机制冷为主要手段，冷剂制冷则起补充制冷作用。

当原料气组成较富，或其压力低于适宜的冷凝分离压力，为了充分、经济地回收 NGL 而设置原料气压缩机时，应采用有冷剂预冷的联合制冷法。

由于我国的伴生气大多具有组成较富、压力较低的特点，所以自上世纪 80 年代以来新建或改建的轻烃回收装置普遍采用膨胀制冷法及有冷剂预冷的联合制冷法。而其中的膨胀制冷设备又以透平膨胀机为主。

1. 氨—膨胀机联合制冷工艺

如图 6-20 所示为某油田所采用的氨—膨胀机联合制冷工艺流程图。该工艺装置处理量为 $50 \times 10^6 \mathrm{m}^3/\mathrm{d}$，进料经氨冷及换热后温度降至 $-50℃$ 进入膨胀机，压力自 3.7MPa 降至 1.6MPa，膨胀比 2.64，温度达 $-85 \sim -90℃$，C_3 收率为 80%~85%。

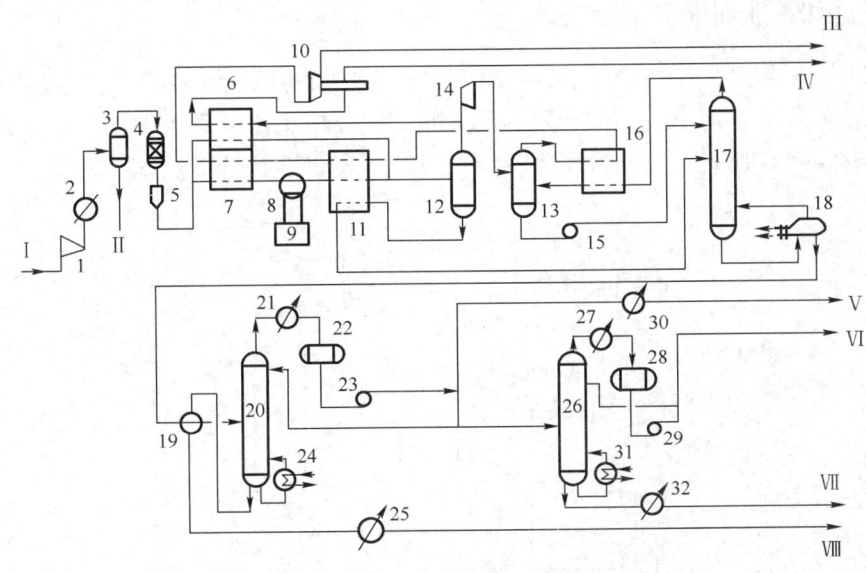

图 6-20 某氨—膨胀机联合制冷装置

1—原料气压缩机；2—水冷却器；3—分水器；4—分子筛干燥器；5—过滤器；
6、7、11、16—板翅式换热器；8—氨蒸发器；9—氨循环制冷系统；10—膨胀机驱动的增压机；
12、13—凝液分离器；14—透平膨胀机；15—凝液泵；17—脱乙烷塔；18—脱乙烷塔塔底再沸器；
19—换热器；20—脱丁烷（液化气）塔；21—塔顶冷凝器；22—脱丁烷塔塔顶回流罐；23—液化气回流泵；
24—液化气塔底再沸器；25—天然汽油冷却器；26—丁烷塔；27—丁烷塔塔顶冷凝器；28—丁烷塔回流罐；
29—丁烷塔回流泵；30—液化气冷却器；31—丁烷塔塔底再沸器；32—丁烷冷却器
Ⅰ—原料气；Ⅱ—冷凝水；Ⅲ—干气；Ⅳ—低压干气；Ⅴ—液化气；Ⅵ—高含丙烷液化气；Ⅶ—丁烷；Ⅷ—天然汽油

2. 丙烷—膨胀机联合制冷工艺

图 6-21 为某油田 $120×10^4 m^3/d$ NGL 回收装置，采用丙烷辅助制冷的膨胀机工艺。该工艺将原料气压缩至 4.5MPa，在冷箱内与丙烷换热冷至 -63℃，在膨胀机内降压至 0.8MPa，膨胀比达 5.1，温度达 -117℃，乙烷收率为 85%，NGL 产品供乙烯装置作原料。

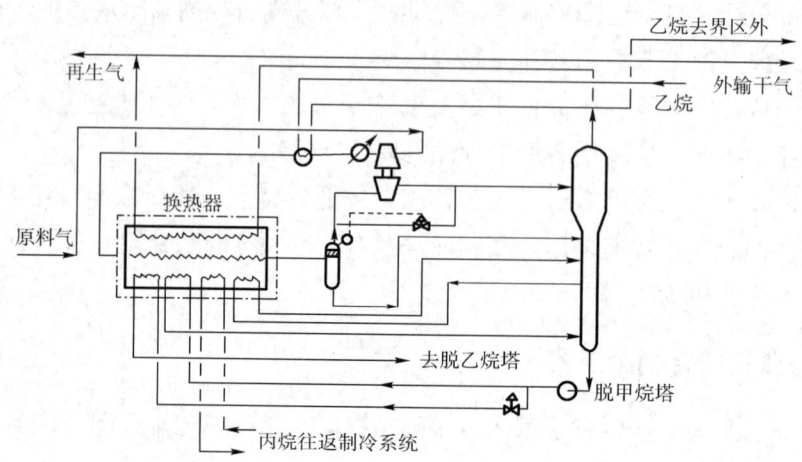

图 6-21 某丙烷—膨胀机联合制冷流程示意图

3. 氨—两级膨胀机联合制冷装置

图 6-22 为某油田 $200×10^4 m^3/d$ NGL 回收装置，采用氨辅助制冷的两级膨胀机工艺。原料气经三级压缩至 4.0MPa，预冷后进膨胀机，两级膨胀比分别为 2.76 及 2.45，不足的冷量由氨液吸收制冷补充，气体温度可冷至 -113℃，乙烷收率可达 85%。

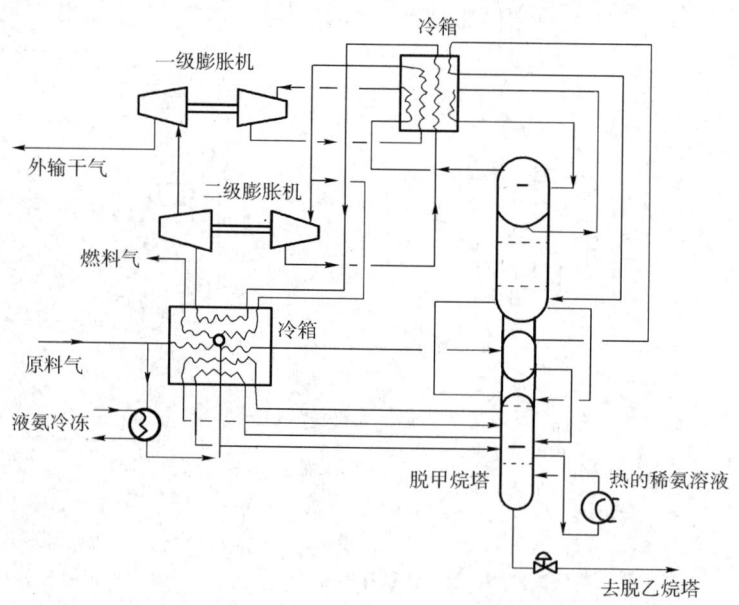

图 6-22 某氨—两级膨胀制冷流程示意图

四、其他制冷工艺

1. 油吸收法

油吸收法是依据天然气混合物中各组分在吸收油中溶解度的差异而实现 NGL 回收的。所用吸收油可有不同相对分子质量,通常在 100~200 之间。吸收油相对分子质量越小,天然气凝液收率越高,但吸收油蒸发损失越大。因此,当要求乙烷收率较高时,一般采用相对分子质量较小的吸收油。

按照吸收温度不同,油吸收法分为常温油吸收法和冷冻油吸收法,后者是将吸收与冷冻相结合的方法。当温度为 30℃ 左右时主要回收 C_5^+ 的凝液;−20℃ 时 C_3 收率为 40% 左右;−40℃ 时 C_3 收率可达 80%~90%,C_2 收率也有 35%~50%。

在油吸收法中冷油吸收法较为优越,原因是采用冷油吸收法可以带来如下好处:

——原料气的预冷可使较重的烃类冷凝,在分离器中分离出来,从而减轻了吸收塔的负荷。

——采用较低温度的吸收工况,就有可能采用较轻的、吸收能力更强的吸收油(相对分子质量 100~140),降低吸收剂耗量,从而降低再生和泵送吸收剂的动力费用。

冷油吸收法在 20 世纪五六十年代是广泛使用的 NGL 回收方法。优点是系统压降小,允许采用碳钢,对原料气预处理没有严格要求,单套装置处理量较大(最大可达 $2800 \times 10^4 m^3/d$)。但是,由于投资和操作费用较高,已逐渐被更加经济与先进的冷凝分离法所取代。图 6-23 为冷油吸收法的典型工艺流程。

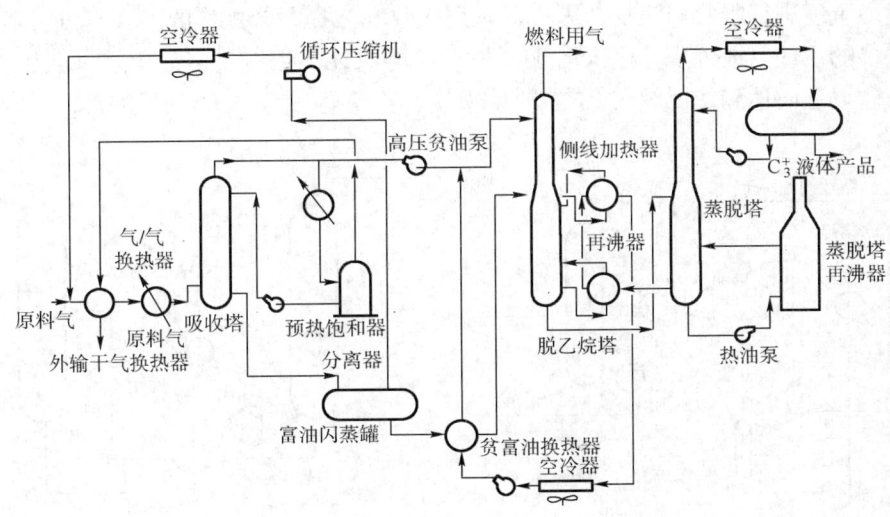

图 6-23 冷油吸收法工艺流程图

美国和加拿大所采用的冷油吸收工艺的典型操作参数为:吸收塔的工作温度 253~215K,工作压力为 3.5~6.5MPa,解吸塔压力 1~2MPa,吸收—蒸沸塔的压力不大于 3.5MPa。吸收率:C_2 为 25%~50%,C_3 为 80%~89%,C_4^+ 为 100%。

2. 马拉（Mehra）法工艺

基于乙烷、丙烷市场价格不同，在增高 C_3 收率时不可避免使 C_2 吸收量也增加，但最终在脱乙烷塔顶白白地排出，徒然浪费能耗。马拉法则借助于特定的溶剂，结合操作参数的调节，可回收 C_2^+、C_3^+、C_4^+ 或 C_5^+，视需要而定。例如回收 C_3^+ 时，其中 $C_2 \leqslant 2\%$，C_4^+ 时 C_3 也是如此，等等，提高了效率。这种灵活性是只能获得宽馏分凝液的透平膨胀机法所不能比拟的。

马拉法一般有两种流程：吸收—闪蒸流程和吸收—汽提流程。

1）马拉法吸收—闪蒸工艺

此工艺其吸收过程与常温油吸收法一样，但吸收塔塔底富溶剂经减压后进行多级闪蒸，使目的产物从富溶剂中分离出来。通过选择合适的闪蒸条件，在最初的闪蒸过程中先分出某些不想回收的组分，并使其循环返回吸收塔，或直接进入外输干气中。汽提塔的作用是保证天然气凝液中较轻组分的含量合格。可见，该工艺既将目的产品闪蒸回收，也将不拟回收的物料闪蒸并返回干气，图 6-24 为其流程。

2）马拉法吸收—汽提工艺

此工艺是对上述多级闪蒸工艺的简化和改进，其投资和运行费用都可大大降低。如图 6-25 所示其流程，原料气进入吸收汽提塔吸收段中，采用特定的贫溶剂进行吸收，将其中的 C_2^+ 或 C_3^+ 组分回收下来，塔顶干气基本上是甲烷（或甲烷与乙烷）。自吸收段流至汽提段的富溶剂中除了含有 C_2^+ 或 C_3^+ 组分外，还含有一定数量的甲烷（或甲烷与乙烷）。汽提段底部设有再沸器，将塔底液体部分汽化作为汽提气，在汽提段中将富溶剂中挥发性最大的甲烷（或甲烷与乙烷）几乎全部汽提出来，同时也有一部分挥发性较小的乙烷（或丙烷）被汽提出来。乙烷（或丙烷）被汽提出来后，在吸收段与贫溶剂接触过程中又被重新吸收，再同富溶剂返回汽提段，在两段中重复进行吸收与汽提。因此，采用吸收和汽提联合操作的吸收—汽提塔，就可保证不致有过多的乙烷（或丙烷）进入塔顶干气，又能保证不致有过多的甲烷（或甲烷与乙烷）进入塔底液体，从而达到使甲烷与 C_2^+（或使甲烷、乙烷与 C_3^+）分离的目的。

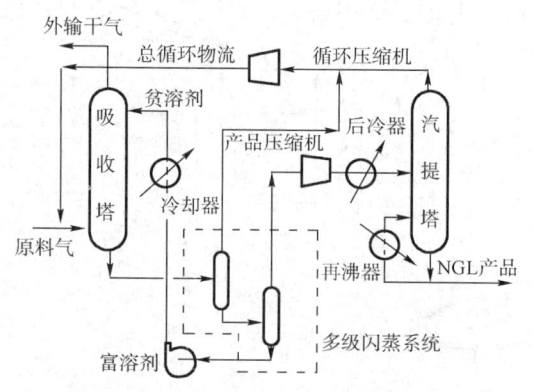

图 6-24 马拉法吸收—闪蒸工艺流程图

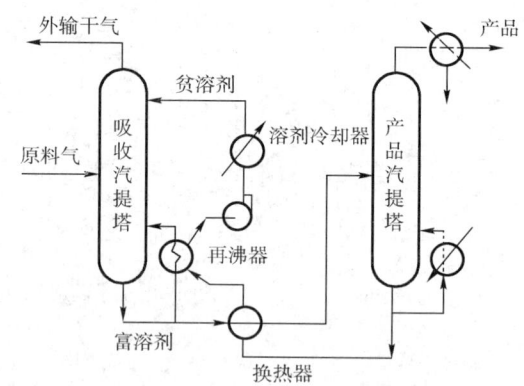

图 6-25 马拉法吸收—汽提工艺流程图

由此可见，此法的特点是选择良好的物理溶剂，并且靠调节吸收汽提塔塔底富溶剂的泡点来灵活地选择天然气凝液产品中较轻组分的含量。在吸收汽提塔内既确保干气合格，也保证吸收下来的 NGL 中不含干气组分，产品汽提塔既得到 NGL 产品，也使溶剂得到再生。

马拉法与冷油吸收法相比,所使用的吸收溶剂相对分子质量较低(70~90),故能耗小;马拉法将较热的吸收塔顶气与预饱和步骤的贫溶剂共冷以保证干气在最低温度下离开而减少了溶剂损失,且将进料气中的 C_7^+ 先行冷凝而避免它进入溶剂,减轻了吸收塔的负荷;马拉法还可与冷剂(丙烷)制冷法结合,采用本法生产的 C_5^+ 为溶剂,当分别用于回收 C_2^+ 或 C_3^+ 时,收率均可达90%。

3. 吸附法工艺

任何一种吸附对于同一被吸附气体来说,在吸附平衡情况下,温度越低,压力越高,吸附量越大。反之,温度越高,压力越低,则吸附量越小。因此,气体的吸附分离方法,通常采用变温吸附或变压吸附两种循环过程。

如果压力不变,在常温或低温的情况下吸附,用高温解吸的方法,称为变温吸附(简称TSA)。如果温度不变,在加压的情况下吸附,用减压或常压解吸的方法,称为变压吸附(简称PSA)。

1) 变温吸附法

该法是使用固体吸附剂在常温下从天然气中吸附 NGL 组分而后升温将 NGL 组分解吸回收的方法。一般乙烷收率为 5%,丙烷收率为 40%,丁烷收率为 75%,天然汽油收率(C_5^+)为 87%。

变温吸附法的优点是装置比较简单,不需特殊材料和设备,投资较少;缺点是不能连续操作,需要几个吸附塔切换操作,产品的局限性大,加之能耗较大、成本较高,燃料气消耗约为所处理气量的 5%,因而目前应用较少。在北美,一般只是在油气田开采初期或在井口附近,对 NGL 收率要求不高(例如,进行露点控制)的场合下才使用。

固体吸附法回收 NGL 的原理类同于天然气固体吸附法脱水,只是因目的不同而采用的吸附剂有别。工业上常用于回收 NGL 的吸附剂有活性炭、硅胶、硅藻土等。1kg 的活性炭具有 $10^6 m^2$ 的有效吸附面积,吸附能力很强。因此,活性炭就成为工业上回收 NGL 的重要吸附剂。

典型的变温吸附法工艺流程如图6-26所示。

2) 变压吸附法

变压吸附是一种新型气体吸附分离技术,它有如下优点:

(1) 产品纯度高;
(2) 一般可在室温和不高的压力下工作,床层再生时不用加热,节能经济;
(3) 设备简单,操作、维护简便;
(4) 连续循环操作,可完全达到自动化。

当这种新技术问世后,受到了各国工业界的关注,竞相开发和研究,发展迅速,并日益成熟。因此,已在不少领域获得广泛应

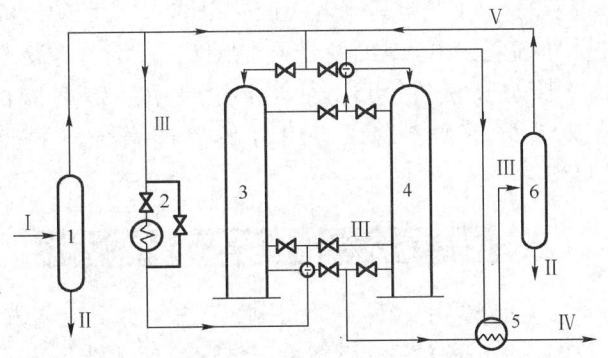

图 6-26 某变温吸附法回收 NGL 工艺流程
I—原料气;II—液体(冷凝液+水);
III—再生气;IV—脱去汽油的气体;
V—在原料气流中经过分离的再生气
1—原料气入口分离器;2—部分再生气加热器;
3、4—吸附塔;5—换热器;6—再生气分离器

用的变压吸附法也正在被引入 NGL 回收领域。

变压吸附法工艺回收 NGL 就是利用吸附剂对吸附质在不同分压下有不同的吸附容量、吸附速度和吸附力,并且在一定压力下对被分离的天然气的各组分有选择吸附的特性,加压吸附除去原料气中的液烃,减压脱附而使吸附剂获得再生。因此,采用多个吸附床,循环地变动所组合的各吸附床压力,就可以达到连续回收 NGL 的目的。

变压吸附法可用于天然气的第一级分离以使其中的 NGL 组分得以浓缩,如表 6-5 所示。

表 6-5 变压吸附法浓缩天然气中 NGL 组分

组 分	C_1	C_2	C_3^+	N_2	CO_2
进料气(摩尔分数),%	91.02	5.50	2.70	0.30	0.48
解吸气(摩尔分数),%	50.34	30.42	15.95	1.67	2.63

需要指出的是,变压吸附解吸气虽然将 C_2^+ 浓缩近 6 倍,但它已成为低压气,如进入膨胀机需再行压缩。

4. 膜分离法工艺

膜分离技术是近二十年发展起来的一门新的分离技术。它包括反渗透、超过滤、微过滤、渗析、电渗析、过膜蒸发及气体的膜分离等。

膜分离过程就是使混合物中各组分在压力差或浓度、或电位差的作用下,通过特定的界面——"膜"进行传质,由于混合物中各组分在膜中具有不同的渗透能力,从而达到各组分的分离。各组分通过膜的传递能力取决于组分分子的大小、形状、化学性质、膜孔大小、膜材料的物理化学性质,以及膜与渗透组分之间的相互作用等因素。最初为多孔膜及均质膜,为了解决选择性高则渗透量小、渗透量大则选择性低的矛盾,又开发了非对称膜及复合膜,目前工业上多使用此类薄膜。

膜分离工艺与其他分离工艺相比较,所用的设备最少,装置建造投资最省,无需冷换和加热过程,能耗最低,因而生产成本低廉,经济效益最高。

膜分离法在 NGL 回收中的应用关键在膜的性能,它对甲烷的渗透系数应远远低于对其同系物乙烷以上组分的渗透系数。膜分离法将在第七章天然气脱硫中作详细介绍。

五、天然气凝液回收工艺方法的选择

前面介绍了多种 NGL 回收工艺。对于工艺方法的选择,需要考虑多方面的因素,对可供选择的工艺方法进行技术经济评价后才能得出明确的结论。

1. 应予考虑的因素

1)原料气处理量

原料气处理量决定了装置规模。较大的装置可选择投资较大而效率较高的工艺,较小的装置则宜选择投资不大的工艺。一般说来,低温油吸收法不适用于处理量大的装置，而采用冷剂制冷和透平膨胀机制冷的冷凝分离法则适用于任何处理量的 NGL 回收装置。

2) 原料气组成

原料气组成对工艺方法的选择及流程安排有重要影响。如原料气较富时，回收 NGL 需要更多的冷量，因此，就要选择能耗较低的工艺方法。原料气中的杂质如二氧化碳、硫化氢含量以及比甲烷、乙烷更重烃类的含量，对工艺方法的选择也有很大的影响，往往在流程中需安排脱除这些杂质的工序。

3) 原料气压力及干气外输压力

原料气压力及干气外输压力是决定工艺方法有无压能可以利用并影响装置经济性的重要因素。当原料气压力显著高于干气外输压力时，显然应当利用其压差采用膨胀制冷的工艺。

4) 产品方案

装置的产品方案即所要求的乙烷收率及丙烷收率对工艺方案的选择有重大影响。当装置需要回收乙烷供作乙烯原料，以及要求有高的丙烷收率时，显然需要深冷工艺；如只回收轻油及部分 LPG，则可采用浅冷工艺。

5) 其他因素

事实上，除以上因素外的其他条件对 NGL 回收工艺的选择也可能产生重要影响。例如，当装置需要冷剂制冷时，虽然一般情况下宜选用蒸气压缩制冷，但如果有合适的余热可用时，采用氨液吸收制冷可能是更恰当的选择。

2. 工艺方法选择的原则

通过以上的分析可以看出，NGL 回收中要确定某一种工艺方法为最佳方法，是很困难的。这是一个需要考虑多方面因素，因地制宜，最后加以综合经济技术比较的过程。因此，建议在工艺方法的选择上遵循如下主要原则。

(1) 在下列情况下可考虑采用冷剂制冷法：

——以控制外输气露点为主，并同时回收部分凝液的装置。通常，原料气的冷冻温度应低于外输气所要求的露点温度 5℃ 以上。

——原料气较富，但其压力和外输气压力之间没有足够压差可供利用，或为回收凝液必须将原料气适当增压，所增压力和外输气压力之间没有压差可供利用，而且采用冷剂制冷法又可经济地达到所要求的凝液收率。

(2) 在下述情况下可考虑采用节流阀制冷法：

——压力很高的气井气（一般在 10MPa 或更高），特别是其压力会随开采过程逐渐递减时，应首先考虑采用节流阀制冷法。节流后的压力应满足外输气要求，不再另设增压压缩机。如气源压力不够高或已递减到不足以获得所要求低温时，可采用冷剂预冷。

——气源压力较高，或适宜的冷凝分离压力高于干气外输压力，仅靠节流阀制冷也能获得所需的低温，或气量较小不适合用膨胀机制冷时，可采用节流阀制冷法。如气体中重烃较多，靠节流阀制冷不能满足冷量要求时，可采用冷剂预冷。

——原料气与外输气有压差可供利用，但因原料气较贫而回收凝液的价值不大时，可采用节流阀制冷，仅控制其水露点及烃露点以满足管输要求。若节流后的温度不够低，可采用冷剂预冷。

（3）在下述情况下可考虑采用热分离机制冷法：

——原料气量不大且其压力高于外输气压力，有压差可供利用，但靠节流阀制冷达不到所需要的温度时，可采用热分离机制冷法。热分离机的气体出口压力应能满足外输要求，不应再设增压压缩机。热分离机的最佳膨胀比约为 5，且不宜超过 7。如果气体中重烃较多，可采用冷剂预冷。

——适用于气量较小或气量不稳定的场合，简单可靠的静止式热分离机特别适用于单井或边远气井气的 NGL 回收。

（4）在下述情况下可考虑采用膨胀机制冷法：

——原料气量及压力比较稳定。

——当进气压力与输出干气压力之间有自由压差可供利用（增压或无需增压回收 NGL），且 C_3^+ 组分含量又不太多时，宜选用膨胀机制冷法。

——气体较贫及凝液收率要求较高，可采用膨胀机制冷法。若当原料气 C_2^+ 含量较多，装置处理规模较大时，为了降低功率的消耗，宜采用膨胀制冷与冷剂制冷相结合的混合制冷方法。

需要说明的是，深冷装置的 C_2 收率高于 90% 时，投资及操作费用明显上升。这是因为，一是需要增加膨胀机的级数以获得更低的温度等级，相应地要求提高原料气的压力。不论是采取提高整个集气管网的压力等级，还是采取在处理厂增加压缩机的办法，都会使投资和操作费用显著增加。二是由于原料气压力提高后使设备、管线等压力等级也随之提高，投资又会增加。三是由于制冷温度下降，需增加低温钢材的用量或改用更耐低温的钢种，也会增加投资。因此，过高的 C_2 收率会导致投资费用增加较多，经济上不合算。一般认为 60%～85% 的 C_2 收率是比较合适的。对以回收 C_3^+ 液烃为目的的浅冷装置，一般情况下 50%～80% 的 C_3 收率是比较合适的。

总的说来，当伴生气组成较富，处理气量较小，装置建设目的是为了回收 C_3^+ 烃类，且产品收率要求不高时，宜用浅冷工艺。但当伴生气处理量较大，气体组成又比较贫，或装置建设的目的是为了生产乙烷产品时，应采用深冷工艺。为满足深冷工艺的冷量平衡要求，首先应立足于膨胀机制冷。当这部分冷量满足不了工艺要求时，可考虑设置外加冷源作补充。采用膨胀机自制冷时，应合理安排流程及各部分的压力分配，既保证为实现一定的制冷要求所需的膨胀比，又不致因此而过多地增加增压能耗。

第三节 天然气凝液回收相关问题分析

一、天然气凝液的稳定

从天然气中回收的凝液含有微量的比目的产品轻的烃类气体。由于此气体蒸气压高于凝液其他组分的蒸气压，如将凝液直接进罐，轻组分将闪蒸为气体，降低了凝液其他组分的分压，增大了其闪蒸成气体的趋势，从而加大了蒸发损耗。需采取措施将这些轻组分分离出来，这样的工艺称为凝液稳定。

凝液稳定是根据目的产品结构除去其中的不稳定组分。当目的产品为 C_2^+ 时，则在脱甲烷塔中除去 NGL 中的甲烷；当目的产品为 C_3^+ 时，则需要在乙烷塔中除去 NGL 中的甲烷和乙烷。

一般采用拔头蒸馏的方法稳定凝液。凝液的稳定可采用完全精馏塔或无回流精馏塔来精馏。目前国内外更多地采用后者，如图 6-27 所示。它实际上是一个只有提馏段的精馏塔，进料（未稳定的凝液）由塔的顶部引入，在此进料兼起液相回流的作用；而塔底残液就是稳定过的凝液；塔所需的蒸气则由塔底再沸器将塔底残液部分汽化而来。

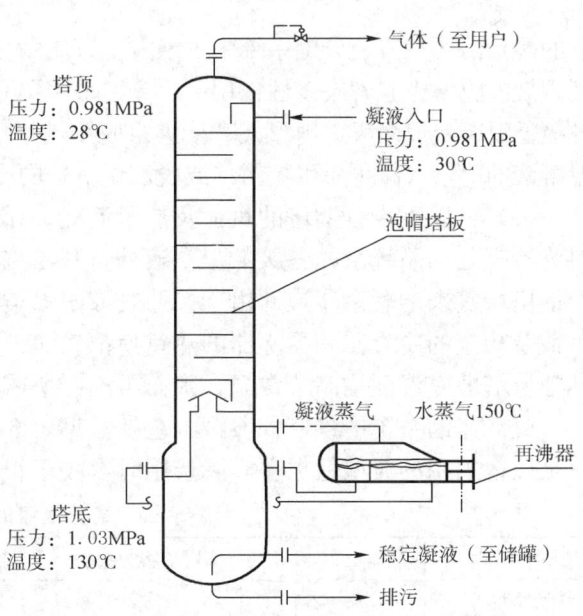

图 6-27 凝液稳定塔示意图

二、天然气凝液分馏

稳定后的凝液需要进一步分离时，可根据产品要求、凝液组成，进行技术经济比较后确定分离流程。通常采用分馏的方法将 NGL 蒸馏切割为可供销售的产品，一般为乙烷、液化石油气（LPG）和天然汽油三部分，有时也将 LPG 分为丙烷和丁烷产品。

凝液分馏系统的作用就是按照上述各种产品的质量要求，利用精馏方法对凝液进行分离。因此，凝液分馏系统的主要设备就是分馏塔，以及相应的冷凝器、再沸器和其他配套设施等。图 6-28 为 NGL 顺序分馏流程图，按烃类相对分子质量从小到大逐次经过脱甲烷塔、脱乙烷塔、脱丙烷塔和脱丁烷塔等分馏塔后，分别可以获得甲烷、乙烷、丙烷、正丁烷、异丁烷及天然汽油等目的产品。从 NGL 中分出的甲烷并入干气外输。

采用顺序分馏流程的原因是：

（1）可以合理利用低温凝液冷量。凝液分馏系统中的脱甲烷塔全塔通常均在低温下运行，是各分馏塔中温度最低、投资最多和能耗最大的一个塔。此外，脱乙烷塔的塔顶部位一般也在低温下运行。当装置以回收 C_2^+ 为目的时，脱甲烷塔对保证乙烷的收率起着决定性作用，而且

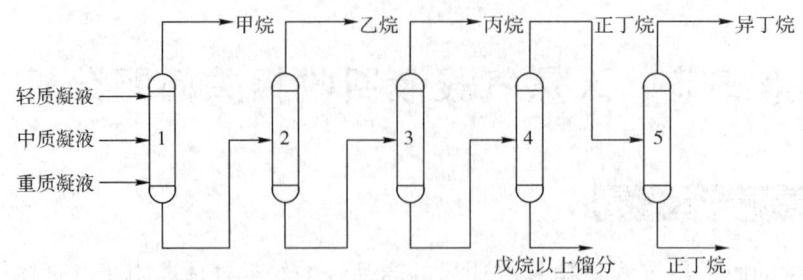

图 6-28 NGL 顺序分馏流程示意图

1—脱甲烷塔；2—脱乙烷塔；3—脱丙烷塔；4—脱丁烷塔；5—正、异构丁烷分馏塔

它的冷量消耗在凝液分馏系统中占绝大多数比例。当装置以回收 C_3^+ 为目的时，脱乙烷塔对保证丙烷的收率也起着决定性作用。因此，采用图 6-28 所示的顺序流程，将冷凝分离系统来的各级低温凝液以多股进料形式直接进入脱甲烷塔（或脱乙烷塔），如前所述，既可合理利用低温凝液的冷量，减少脱甲烷塔（或脱乙烷塔）的冷量消耗，又可降低塔的负荷。

（2）可以减少分馏塔的负荷及热量消耗。在图 6-28 所示的顺序流程中，除脱甲烷塔进料为冷凝分离系统来的各级低温凝液外，脱乙烷塔、脱丙烷塔和脱丁烷塔的进料均为前一个分馏塔塔底来的剩余凝液。由于按照凝液中烃类相对分子质量从小到大逐塔分离，故各塔的负荷及相应的冷凝器和再沸器的热负荷都较小。而且，除脱甲烷塔塔底温度通常为低温外，其他各塔塔底温度均高于常温，因而再沸器所需的热量也较小。

凝液分馏系统中各塔的典型工艺参数见表 6-6。值得说明的是，表中数据并非设计值，只是以往采用的典型数据。实际选用时取决于很多因素，诸如进料组成、能耗及投资等。

表 6-6 各分馏塔的典型工艺参数

塔 名	操作压力，MPa	实际塔板数，块	回流比①，mol/mol	回流比②，m³/m³	塔效率，%
脱甲烷塔	1.38～2.76	18～26	顶部进料	顶部进料	45～60
脱乙烷塔	2.59～3.10	25～35	0.9～2.0	0.6～1.0	50～70
脱丙烷塔	1.65～1.86	30～40	1.8～3.5	0.9～1.1	80～90
脱丁烷塔	0.48～0.62	25～35	1.2～1.5	0.8～0.9	85～95
丁烷分离塔	0.55～0.69	60～80	6.0～14.0	3.0～3.5	90～110
凝液稳定塔	0.69～2.76	16～24	顶部进料	顶部进料	40～60

①回流量与塔顶产品量之比，mol/mol；

②回流量与进料量之比，m³/m³。

三、CO_2 冻结和硫化物脱除问题

在 NGL 回收中，CO_2 是一个需要仔细处理的问题。如有不当，可能在 NGL 中产生 CO_2 的冻结，使装置无法正常运行。至于硫化物，虽然常用的天然气脱硫方法均可将 H_2S 脱除得较为干净，但是对于有机硫的脱除则有不同的效率，这也是值得注意的问题。

1. CO_2 冻结问题

由于原料气中 CO_2 的相对挥发度介于甲烷和乙烷之间，故需脱除二氧化碳以符合 NGL 回收的质量要求。如果装置所要求的乙烷收率很高，原料气则必须冷冻至 -90℃ 左右。这

时，当原料气中 CO_2 含量较高时，还应脱除 CO_2 以防其在低温部位形成固体。

一个简单的判断方法是将工况温度下 CO_2 的分逸度与表 6-7 所示的蒸气压相比较。当高于表中数值时可能形成 CO_2 固体，低于时则不致生成。

表 6-7 CO_2 蒸气压

温度,℃	−60	−65	−70	−75	−80	−85	−90	−95
压力,kPa	409.64	287	198.1	134.49	89.6	58.46	37.26	23.14
温度,℃	−100	−105	−110	−115	−120	−125	−130	−135
压力,kPa	13.97	8.17	4.616	2.51	1.31	0.65	0.308	0.1373

也可以使用美国 GPSA 工程数据手册所提供的图 6-29 判断固体 CO_2 形成的近似条件。用右上角小图判断工况条件处于曲线上方还是下方：如处于曲线上方，则在液相范围内，对照固液相平衡线（虚线）；如处于下方，则使用固气平衡线（实线）。

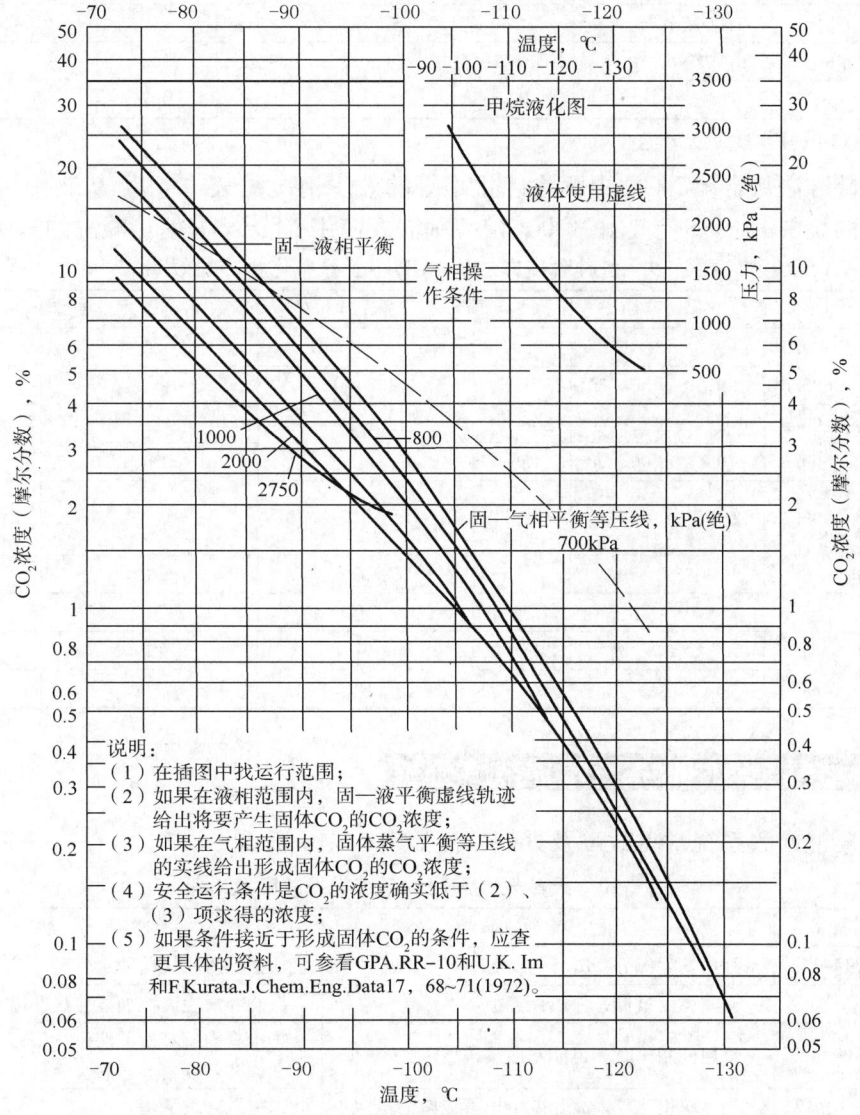

图 6-29　形成固体 CO_2 的近似条件

2. 硫化物脱除问题

天然气中如含有硫化物，H_2S 可在 NGL 回收之前完全脱除，但有机硫化合物则未必。天然气中有时还含有硫醇并会分布到商品丙烷、丁烷及天然汽油中。如原料气中的 COS（氧硫化碳，也叫羰基硫）会在加工过程中浓缩到商品丙烷中。而且，若在商品丙、丁烷中有水存在，在储存和输送过程中水与 COS 会反应生成 H_2S。因此，在某些情况下还需脱除硫醇，以使这些产品质量符合要求。

各种残留的硫化物等在 NGL 各个组分中的分布情况如表 6-8 所示。

表 6-8 硫化物等在 NGL 产品中的分布情况

硫化物\组分	H_2S	COS	CS_2	CH_3SH	C_2H_5SH	C_3H_7SH	CO_2	H_2O
乙烷	~90%	丙烷浓度①的2~3倍	—	1%	—	—	大部分	大部分
丙烷	其余	其余	1%	30%~50%	2%~30%	—	其余	其余
丁烷			40%~70%	其余	30%~50%	1%	—	—
戊烷			其余	—	其余	其余		

① 残留于乙烷中的丙烷浓度。

各种脱硫方法从含硫 NGL 中脱除硫化物等的效率情况见表 6-9。从表中可见，DIPA 法对于脱除丙烷中的 COS 有良好效果，硫醇则需要使用 Merox 等催化碱洗的方法脱除。

表 6-9 各种脱硫方法从 NGL 中脱除硫化物等的效率

脱硫方法	H_2S	CO_2	COS	CS_2	低相对分子质量硫醇	高相对分子质量硫醇	游离醇	水
分子筛	>99.5	99.5	99	99	70~75	低	低	>99.5
MEA	>99.5	99.5	30~50	30~50	40~60	低	低	0
DEA	>99.5	98	20~40	20~40	30~50	低	低	0
DIPA	>99.5	98	90~98	低	低	低	低	0
Malaprop (DGA)	>99.5	99.5	40~70	40~70	40~70	10~30	低	0
热钾碱法	—	—	—	—	高	中	—	—
Merox					高	中		
海绵铁	高	低	高		高	中		0
固体苛性碱	高	低	高	—	高	中		100

四、天然气凝液回收系统常见故障分析

天然气凝液回收系统常见故障及处理方法如表 6-10 所示。

表 6-10 天然气凝液回收系统常见故障及对策

常见故障	故障原因	处理方法
膨胀机故障	缸内发生部分冷凝	加强进膨胀机前的水分离
冻堵	介质温度过低，伴热保温损坏	提高介质温度，加强伴热保温
制冷量不够	采用外制冷时，可能制冷系统故障	①检查丙烷蒸发器液位，补充丙烷 ②调节蒸发器旁通阀旁通量
调节系统故障	①一次检测仪表故障或引压管线堵塞 ②变送器或其他仪表元件故障	①引压管线清堵 ②检修或更换仪表元件

第七章 天然气脱硫、硫黄回收及尾气处理

从气井中开采出来的天然气中或多或少含有硫化氢（H_2S）、二氧化碳（CO_2）和有机硫化合物等酸性气体。有机硫化合物包括二硫化碳（CS_2）、羰基硫（COS）、硫醇（RSH）、硫醚（RSR）及二硫醚（RSSR）等。这些酸性气体中尤以硫化氢的危害最大。因此，依据天然气中 H_2S 的体积分数的不同，把天然气分为以下四类：微含硫化氢型气，0～0.50%；低含硫化氢型气，0.50%～2.0%；高含硫化氢型气，2.0%～70.0%；硫化氢型气，70.0%以上。

天然气中含有酸性组分时，会造成金属腐蚀和环境污染。当天然气用作化工原料时，它们还会引起催化剂中毒，影响产品质量。此外，CO_2 含量过高，会降低天然气燃烧热值，且在天然气冷冻分离过程中，CO_2 会形成干冰，堵塞管道和设备。因此，必须严格控制天然气中酸性组分的含量，其允许值视天然气的用途而定。

当天然气中的酸性组分含量超过管输气或商品气质量要求时，必须采用合适的方法脱除后才能管输或成为商品气。从天然气中脱除酸性组分的工艺过程称为脱硫、脱碳，习惯上统称为天然气脱硫。脱出的酸性组分一般还应回收其中的硫元素，称为硫黄回收。当回收硫黄后的尾气不符合向大气排放的标准时，还应对尾气进行处理。

由上可见，一个完整的天然气脱硫系统由脱硫、硫黄回收和尾气处理三部分所组成。

第一节 天然气脱硫

一、脱硫的方法及分类

国内外报道过的脱硫方法有近百种。这些方法按作用机理可分为化学吸收法、物理吸收法、物理—化学吸收法、直接氧化法、固体吸收/吸附法及膜分离法等。其中，采用溶液或溶剂作脱硫剂的脱硫方法习惯上又统称为湿法，采用固体作脱硫剂的脱硫方法又统称为干法。

1. 化学吸收法

这类方法是以可逆的化学反应为基础，以碱性溶液为吸收剂（化学溶剂），与天然气中的酸性组分（主要是 H_2S 和 CO_2）等，反应生成某种化合物。吸收了酸性组分的富液在温度升高、压力降低时，该化合物又能分解释放出酸性组分。各种烷基醇胺法（简称胺法）、

碱性盐溶液法和氨基酸盐法都属此类方法。这类脱硫方法一般不受酸性分压的影响。

2. 物理吸收法

这类方法是基于有机溶剂对原料气中酸性组分的物理吸收而将它们脱除的方法。溶剂的酸气负荷正比于气相中酸性组分的分压。当富液压力降低时，即放出吸收的酸性气体组分。由于物理溶剂对重烃有较大的溶解度，较适合于处理酸气分压高而重烃含量低的天然气。

归纳起来，物理吸收法有如下特点：

(1) 适用于酸气分压高的原料气，处理容量大，再生容易，相当大部分的酸气可借减压闪蒸出来。

(2) 溶剂具有选择脱硫能力。几乎所有的物理溶剂对 H_2S 的溶解能力均优于 CO_2，还有优良的脱有机硫而本身不降解的能力，并可实现同时脱硫脱水的效果。

(3) 溶剂一般无腐蚀性，不易产生泡沫。

(4) 溶剂的稳定性好，基本上不存在溶剂变质问题，且溶剂再生的能耗低。

(5) 溶剂的凝固点低，在寒冷气候条件下不会发生冷冻。

这类方法的局限性在于：传质速度慢，达到高的 H_2S 净化度较为困难。其次是溶剂对烃类溶解量多，特别是重烃（尤其是芳香烃和烯烃）。这不仅影响净化气的热值，而且也影响硫黄的质量。

目前常用的物理吸收法有：①多乙二醇二甲醚法；②Rectisol（冷甲醇法），吸收溶剂为甲醇；③Purisol 法，吸收溶剂 N-甲基吡咯烷酮（NMP）；④Fluor 法，吸收溶剂为碳酸丙烯酯；⑤Estasovant 法，吸收溶剂为磷酸三丁酯（TBP）和环丁砜以及水等。

3. 物理—化学吸收法

物理—化学吸收法是指以化学溶剂与物理溶剂组成的溶液脱除气体中酸性组分的方法，既有物理吸收又有化学吸收的特点。与化学吸收法比较，该法有良好的选择性，在较高的酸气分压下有酸气负荷较高、循环量较少的特点。

目前，工业上常用的物理—化学吸收法是砜胺法也称为萨菲诺（Sulfinol）法，此法所采用的物理溶剂为环丁砜，化学溶剂为一乙醇胺（MEA）、二异丙醇胺（DIPA）或甲基二乙醇胺（MDEA）等，溶液中还含有一定量的水。除此之外，还有 Optisol、Amisol、Selefining、Ucarsol LE 等，它们与砜胺法颇为类似，但应用都不多。

4. 直接转化法

这类方法以氧化还原反应为基础，故又称为氧化还原法。此法包括借助于溶液中氧载体的催化作用，把被碱性溶液吸收的 H_2S 氧化为硫，然后鼓入空气，使吸收剂再生，从而使脱硫与硫回收合为一体。直接氧化法目前虽在天然气工业中应用不很多，但在焦炉气、水煤气、合成气、克劳斯装置尾气处理方面有着广泛的应用。此类方法由于吸收溶剂的硫容量较低，溶液循环量大，电耗高，故主要是应用在小型单井脱硫或移动撬装装置方面。

5. 固体吸收/吸附法

固体吸收/吸附法是指使 H_2S 被固体物质吸收或吸附，然后再用空气或减压解吸，使吸收/吸附剂再生的方法。固体吸收法主要有固体氧化铁法，固体吸附法主要有分子筛法。这两类脱硫方法仅适用于 H_2S 含量较低或流量很小的天然气脱硫。

6. 膜分离法

膜分离法是使用一种选择性渗透膜，利用不同气体渗透性能的差别而实现酸性组分分离的方法。膜分离的基本原理是原料气中的各个组分在压力作用下，因通过半透膜的相对传递速率不同而得以分离。

7. 其他脱硫方法

除去前面介绍的几类脱硫方法外，根据特定的工况还有一些特殊的脱硫方法：

（1）浆液法。这是将固体脱硫剂制成浆液而有助于装卸的脱硫方法，主要有氧化铁浆液及锌盐浆液法。氧化铁浆液法可用于处理低 H_2S 含量的天然气；锌盐浆液的脱硫效率较氧化铁法高，且能脱除一部分有机硫，但脱硫剂较贵。

（2）热碳酸钾法。此法为使用活化剂的热碳酸钾法，广泛用于合成气脱除 CO_2，在天然气脱硫领域也有一些应用。常用的热碳酸盐法有 G-V 法、Benfield 法及 Catacarb 法等。

（3）生化脱硫法。此法主要是利用细菌将 H_2S 转化成硫或促进脱硫液再生的方法。目前用于工业化的、在脱硫过程中使用的生化脱硫工艺是 Bio-SR 法、ShelPaques/ThioPaq 工艺等。

（4）低温分离法。此法主要用于处理 CO_2 驱油后的伴生气，可同时回收天然气凝液（NGL）。

（5）液体除硫剂。使用碱性物料或具有氧化能力的物料除去天然气中的 H_2S。

表 7-1 分别列出了常用 4 类脱硫方法的特点。

表 7-1　化学吸收、物理吸收、直接转化和干燥床工艺的特点

[$p(H_2S)$ ——硫化氢的分压]

方　法	化学吸收法	物理吸收法	直接转化法	干燥床法
脱 H_2S 的原理	化学吸收	物理吸收	化学转化	a. 化学吸收 b. 物理吸收
H_2S 负荷量	H_2S 负荷量受化学配比限制	H_2S 负荷量与其分压成正比	H_2S 负荷量受化学配比限制	H_2S 负荷量受限于： a. 化学配比；b. 表面积
H_2S 的脱除量	大	很大	小	非常小
要求的纯度	中等/高	高	中等/高	a. 很高；b. 高
解吸能量	高	低	中等	a. 无法再生；b. 中等
典型用途	一般目的	大量脱硫	连续使用	a. 保护床（批量）； b. 循环操作

以下主要介绍天然气工业中常用的脱硫工艺。

二、胺法脱硫

胺法脱硫分为常规胺法脱硫和选择性胺法脱硫。前者较早运用于工业上，它基本上可同时完全脱除 H_2S 和 CO_2，以区别于后来开发出来的在 H_2S 和 CO_2 同时存在的条件下选择性脱除 H_2S 的选择性胺法。

常规胺法目前所用的醇胺包括一乙醇胺（MEA）、二乙醇胺（DEA）及二甘醇胺（DGA）等。选择性胺法使用的典型醇胺为甲基二乙醇胺（MDEA）、二异丙醇胺（DIPA），它们在常压下有显著的选择脱硫能力。此外，空间位阻胺也有良好的选择脱硫能力。各种醇胺的性质见表 7-2。

表 7-2 常见醇胺的主要理化性质

醇 胺	MEA	DEA	DIPA	MDEA	DGA
分子式	$HOC_2H_4NH_2$	$(HOC_2H_4)_2NH$	$(CH_3CHOHCH_2)_2NH$	$CH_3N(C_2H_4OH)_2$	$HOC_2H_4OC_2H_4NH_2$
相对分子质量	61.08	105.14	133.19	119.17	105.14
相对密度	$S_{20}^{20}=1.0179$	$S_{20}^{30}=1.0919$	$S_{20}^{45}=0.989$	$S_{20}^{20}=1.0418$	$S_{20}^{20}=1.0572$
凝固点，℃	10.2	28.0	42	−21	−12.5
沸点，℃	170.4	268.4（分解）	248.7	247.2	221.1
闪点（开杯），℃	93.3	137.8	123.9	129.4	126.7
比热容，kJ/(kg·K)	2.54 (20℃)	2.51 (15.6℃)	2.89 (30℃)	2.24 (15.6℃)	2.39 (15.6℃)
临界温度，℃	350	442.1	399.2	322.0	402.6
临界压力，MPa	5.98	3.27	3.77	3.88	3.77
汽化热，kJ/kg	826 (101.3kPa)	670 (9.73kPa)	431	476	510 (101.3kPa)
导热率，W/(m·K)	0.256 (20℃)	0.220 (20℃)	—	0.275 (20℃)	0.209 (20℃)
粘度，mPa·s	24.1 (20℃)	—	198 (45℃)	$0.68×10^{-6}$ m/s (38℃)	40 (16℃)

1）一乙醇胺法（MEA 法）

在用于气体净化的各种醇胺中，MEA 是最强的有机碱，它与酸气（H_2S、CO_2）的反应最迅速。该法既可脱除 H_2S，又可脱除 CO_2，通常没有选择性。直到上世纪 50 年代末，采用 15%～20% 的 MEA 水溶液作为吸收剂脱除天然气中的 H_2S 和 CO_2 的方法还是唯一的脱硫方法。它具有价格便宜、工艺成熟、净化度和酸气负荷较高，很容易使处理气达到管输要求等特点，因而至今仍是工业上广泛采用的脱硫法。本法的最大缺点是与天然气中的羰基硫（COS）和二硫化碳（CS_2）生成不可逆化合物。只要原料气中含有显量的 COS 及 CS_2，就必然导致降解产物在 MEA 溶液中的积累。此外，MEA 溶剂还有易发泡、腐蚀性较强（为胺吸收液中碱性最强的）等缺点。所以，从 60 年代中期开始采用改良二乙醇胺法和二甘醇胺法两个颇为重要的改进方法。

2) 二乙醇胺法（DEA 法）

二乙醇胺与一乙醇胺的主要差别在于，二乙醇胺与 CO_2 及 CS_2 的反应速度比较缓慢，不形成不可再生的化合物，因此适用于原料气中含有机硫的场合。在此基础上开发出高酸气负荷的改良二乙醇胺（SNPA-DEA）工艺后，它就在高压、高酸气浓度的天然气净化中获得相当多的应用。在处理高酸气的天然气时，与 MEA 法相比，SNPA-DEA 法显示出如下的优点：

——溶液浓度高，而且允许设计酸气负荷达到 0.72～1.02mol/mol（DEA），溶液循环量可以降到一乙醇胺法的一半左右。

——二乙醇胺的蒸气压低，所以胺的蒸发损失量为一乙醇胺法的 1/6～1/2。

——溶液的发泡趋势和对装置的腐蚀也比一乙醇胺法有所改善。

——对气体的净化度大致与一乙醇胺法相当，即净化气中 H_2S 含量可低于 $6mg/m^3$。

3) 二异丙醇胺法（DIPA 法）

二异丙醇胺法近年来发展也很迅速。本法的净化度虽不及一乙醇胺法和改良二乙醇胺法，但也可达 $7.8mg/m^3$。由于它具有良好的脱除 COS 的能力，多用于处理炼厂气和用于硫黄回收装置的尾气处理技术中。此外，DIPA 与环丁砜配伍组成的砜胺Ⅱ型工艺，则是净化天然气的主要方法之一。

与 MEA 法相比，DIPA 法容易再生，腐蚀较为轻微，不为 COS 及 CS_2 所降解，可选择性脱除 H_2S。但其相对分子质量大，熔点较高，导致配制溶液较为麻烦。

4) 二甘醇胺法（DGA 法）

二甘醇胺属于天然气脱硫使用的烷醇胺表上较新的成员。由于该溶液的蒸气压低，故允许采用浓度高达 50%～70% 的溶液为吸收剂，这可减少循环溶液量，从而相应地减少热耗量和设备的外形尺寸。DGA 水溶液的冰点低（浓度为 65% 的溶液的冰点为 -44℃），如果在气候寒冷的地区选 DGA 为脱硫剂，将给操作上带来特殊的优越性。它突出的优点还在于可同时脱硫和脱水。

由于 DGA 与 CO_2、COS 及 CS_2 反应后均生成不可再生的产物，故溶剂的损失比 MEA 大，这是一大缺点。

一般只是对含 1% 以上酸气的天然气气体才建议使用 DGA 法。

5) 甲基二乙醇胺法（MDEA 法）

MDEA 和 H_2S 的反应能力不及 MEA。由于它在 CO_2 存在下对 H_2S 具有选择性吸收的能力，因而上世纪 80 年代以来在天然气脱硫上应用日益广泛。采用 MDEA 代替其他胺，改善了酸气质量和操作条件，降低了能耗。对于净化低含硫、高碳硫比的天然气，MDEA 是目前最优的方法。

经过 20 多年的发展，以 MDEA 为主剂已开发了多种溶液体系，其应用范围则几乎覆盖了整个气体脱硫脱碳领域。

6) 空间位阻胺法

所谓空间位阻胺，是指胺基（HN—）上的一个或两个氢原子被体积较大的烷基或其他基团取代后形成的胺类化合物。分子中与氨基相连的烃基具有显著的空间位阻胺效应。

目前工业应用最多的是由美国 Exxon 公司开发的 Flexsorb 法。此法包含三种工艺：

Flexsorb SE 工艺——SE 型不仅具有良好的选吸能力，而且具有较高的富液 H_2S 负荷，但空间位阻胺相当昂贵的价格也限制了它的应用。

Flexsorb SE^+ 工艺——是 SE 型的改进型，由于加入了一种添加剂，在保持其选择性的基础上提高了 H_2S 的净化度。

Flexsorb PS 工艺——PS 型使用与 SE 不同的位阻胺，用于同时脱硫脱碳，可用于生产液化天然气的原料净化。与常规胺法相比，其循环量及能耗有所下降。

由于空间位阻胺作为脱硫溶剂具有选择性好、不起泡、性质稳定、对装置腐蚀轻微等一系列优点，故近年来有一定发展。

2. 胺法工艺流程

天然气胺法脱硫的工艺流程是基于醇胺与酸气（H_2S 及 CO_2）的反应设置的。在加压及常温条件下胺液吸收天然气中的酸气，在低压和升温条件下使胺液吸收的酸气逸出，再生了的胺液循环使用。因此，使用不同醇胺溶液的天然气脱硫装置，其基本工艺流程是大致相同的。

在基本工艺流程的基础上，根据工况特点，可以增加辅助设施（如 MEA 的复活装置），也可以采用贫液分流、贫液与半贫液分流、富液分流、吸收塔内设置内冷器等流程，以取得更好的技术经济效果。

1）常规胺法流程

如图 7-1 所示，在整个脱除过程中，含硫天然气自吸收塔底由下而上与醇胺液逆流接触，脱除酸气后从吸收塔顶部出来，成为湿净化气；吸收了硫化氢的醇胺液叫富液，首先在闪蒸塔内闪蒸至中压，脱除烃类气；然后通过贫富液换热器将贫液中的热量回收后进入再生塔进行解吸，再生后的醇胺液叫贫液；通过贫富液换热器和贫液冷却器将贫液温度降下后，通过泵送回吸收塔顶部继续循环使用；再生出来的酸性组分经过冷却将水分离出来后，进入硫黄回收系统或 CO_2 回收装置；水分则回到再生塔顶部，以保持溶液中水组分的平衡和降低溶剂的蒸发损失；溶液中闪蒸出来的烃类进入燃料气系统。

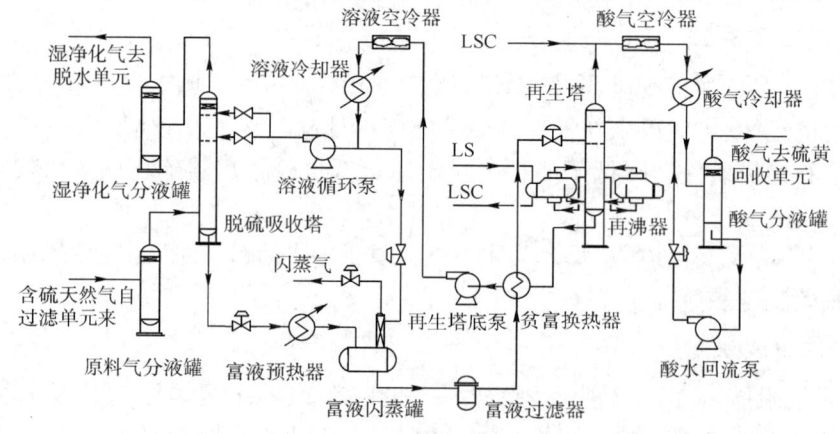

图 7-1 常规胺法工艺流程

2) 胺液分流流程

当原料天然气酸气分压很高时，将再生塔出来的半贫液抽出一部分或大部分送至吸收塔中部入塔，而经过再沸器进一步汽提了的小部分贫液则送至吸收塔顶入塔以保证净化气质量。这种安排可显著降低再沸器的蒸气消耗。据称与基本流程相比，如以胺液循环量的75%将半贫液送至塔中部，气耗下降25%。胺液分流流程如图7-2所示。

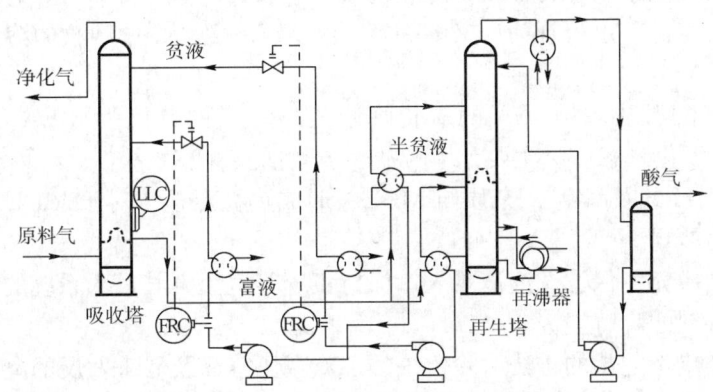

图7-2　贫液与半贫液分流工艺流程图

此种流程的不足之处在于，由于贫液和半贫液各自需要一套换热设备和溶液循环泵，装置变得复杂一些，其投资也将增加。

另有一种贫液分流流程，是将贫液大部分从吸收塔中部偏下的位置入塔，其余的小部分贫液则从塔顶入塔。此种安排在有较高酸气分压的天然气时，可以减小吸收塔上部的塔径而降低一些投资。这种方法目前在天然气脱碳装置有所运用。

3) 吸收塔装设内冷器的流程

在酸气分压很高的情况下，富液相应地也有相当高的酸气负荷，因醇胺溶液吸收大量酸气而释出的热量使富液温度大幅度上升，这不利于塔底的气液平衡。此时，如在吸收塔内接近底部位置设置内冷器，抽出部分溶液对其进行冷却，可降低富液温度，从而有助于溶液吸收更多的酸气，降低了溶液循环量，减少能耗。

需指出的是，在天然气脱硫系统中通常还有复活器。其作用是使降解的醇胺尽可能复活，使热稳定的盐类释放出游离醇胺，并除去不能复活的降解产物。

3. 醇胺法脱硫装置操作注意事项

醇胺法脱硫装置运行比较平稳，经常遇到的问题有溶剂降解、设备腐蚀和溶液起泡等。因此，应在设计与操作中采取措施防止与减缓这些问题的发生。

1) 溶剂降解

醇胺降解大致有热降解、氧化降解和化学降解三种，是造成脱硫装置溶剂损失的主要原因。

MEA对热降解是稳定的，但易发生氧化降解。受热情况下，氧可能和气流中的H_2S反应生成元素硫，后者进一步和MEA反应而生成二硫代氨基甲酸盐等热稳定的降解产物。DEA对热降解不稳定，而对氧化降解的稳定性和MEA类似。

化学降解在溶剂降解中占有主要地位，即醇胺与原料气中的CO_2和有机硫化物发生副反应，生成难以完全再生的化合物。MEA 与 CO_2 发生副反应生成的碳酸盐可转变为噁唑烷酮，再经一系列反应生成乙二胺衍生物。由于乙二胺衍生物碱性比 MEA 强，其硫化物和碳酸盐均难以再生，从而导致溶剂损失，而且还会加速设备腐蚀。DEA 与 CO_2 发生类似副反应后，溶剂最终只是部分丧失脱硫能力。MDEA 不和 CO_2 反应生成噁唑烷酮一类降解产物，也不和 COS、CS_2 等有机硫化物反应，因而基本不存在化学降解问题。

此外，就溶剂丧失脱硫能力而言，醇胺与气体中较强的酸（如 SO_2、有机酸等）反应生成无法再生的热稳定盐，也可视为广义的降解。在 MEA 复活器中回收的溶剂就是游离的及热稳定盐中的 MEA。

在常用的几种醇胺中，MDEA 的氧化降解是最轻微的，仅为 MEA 的 5%、DEA 的 2.6%。MDEA 的氧化降解产物主要是甲酸盐、乙酸盐及甘醇酸盐。

各种酸性强于 H_2S 及 CO_2 的杂质与 MDEA 形成热稳定盐，对于 MDEA 体系性能的影响较其他醇胺更为严重。

可通过对溶剂罐充氮保护、溶液泵入口保持正压等避免空气进入系统的方法及对溶剂进行复活等来减少溶剂的降解损失。

关于溶液除去热稳定盐的方法，除传统的加碱减压蒸馏及后来发展的离子交换外，美国联合碳化物公司开发了称为 UCARSEP 的电渗析技术，可在线使用，效果颇佳。

2) 设备腐蚀

醇胺法脱硫装置存在有电化学腐蚀、化学腐蚀和应力腐蚀等三种类型。腐蚀类型及程度取决于醇胺种类、溶液中的杂质、溶液的酸气负荷、设备的操作温度及溶液流速等。

酸性组分（H_2S 和 CO_2）是最主要的腐蚀剂，其次是溶剂的降解产物。溶液中悬浮的固体颗粒（主要是腐蚀产物如硫化铁）对设备的磨损，以及溶液在换热设备和管路中流速过快，都会加速硫化铁膜脱落而使腐蚀加快。

脱硫装置的应力腐蚀是由醇胺、CO_2、H_2S 和设备的残余应力共同作用下发生的，在温度大于 90℃ 的部位更易发生。

可通过采取原料气进吸收塔前预分离、对溶液进行过滤等保持溶液清洁的方法和避免空气进入系统、选择合适的酸气负荷以及使用缓蚀剂等措施使腐蚀得到控制。

3) 溶液起泡

醇胺降解产物、溶液中悬浮的固体颗粒、原料气中携带的游离液、化学剂和油脂等，都是引起溶液起泡的原因。溶液起泡会使脱硫效果变坏，甚至使处理量剧降甚至停工。因此，在开工及运行中都要保持溶液清洁，除去溶液中的硫化铁、烃类和降解产物等，并且定期进行清洗。新装置通常用碱液和去离子水冲洗，老装置则需用酸液清除铁锈。有时，也可适当加入消泡剂，但这只能作为一种应急措施。根本措施是查明起泡原因并及时排除。

4) 补充水分

由于离开吸收塔的净化气及离开回流冷凝器的酸气都含有饱和水蒸气，而且净化气离塔的温度远高于原料气，故需不断向系统中补充水分。小型装置定期补充即可，而大型装置（尤其是酸气量很大时）则宜连续加水。补充水可以随回流一起打入汽提塔内，也可打入吸收塔顶的水洗塔板上。

5) 溶剂正常损耗

醇胺法脱硫装置中的溶剂损失来自两方面：一是正常的工艺综合损失，二是非正常的泄漏等损失。而且后者往往大于前者，尤其是吸收塔内溶液起泡时等更是如此。其中，工艺综合损失包括：

（1）溶剂随净化气离开吸收塔的蒸发损失。MEA 由于挥发性高，其蒸发损失约为 $7.2 kg/10^6 m^3$ 过程气；DEA、DGA、DIPA 和 MDEA 由于挥发性较低，其蒸发损失为 $0.32 \sim 0.48 kg/10^6 m^3$ 过程气。

（2）溶剂随净化气离开吸收塔的携带损失，其量平均为 $8 \sim 48 kg/10^6 m^3$ 过程气。保持吸收塔内空塔气速小于液泛速度的 70%，在吸收塔顶设置捕雾器以及 2 块水洗塔板等，都可明显减少溶剂的携带损失。

（3）由富液闪蒸罐的闪蒸气和三相富液闪蒸罐的液烃带走的溶剂损失，此量一般很小。

（4）由汽提塔塔顶气带走的溶剂损失，此量十分微小。

（5）复活损失。

对于设计良好而又运行正常的脱硫装置来讲，DEA、DIPA 和 MDEA 溶液的消耗量平均为 $33 kg/10^6 m^3$ 过程气。MEA 由于其挥发性强和需要复活，损失约为 $48 kg/10^6 m^3$ 过程气，而 DGA 则居中。

4. 胺法脱硫工艺操作常见故障及处理方法

胺法脱硫系统常见故障分析及处理方法如表 7-3 所示。

表 7-3 天然气胺法脱硫系统常见故障及处理方法

常见故障	故障原因	处理方法
净化度不合格	①原料气中 H_2S 含量增加 ②胺溶液循环量太少 ③溶液降解变质，生成了不溶性盐	①增大胺溶液循环量 ②更换活性炭过滤器，加强溶液过滤 ③更换部分胺溶液
溶液发泡	①溶液中存在有悬浮的固体 ②溶液中带入了烃类液体 ③溶液有降解产物生成 ④外来物质的影响，如缓蚀剂、阀的润滑脂及补充水中带入了杂质	①加入适量消泡剂 ②加强原料气预处理，控制好进吸收塔前各分离器液位，防止液烃带入 ③更换部分或全部溶液 ④加强溶液复活或过滤
机械过滤或活性炭过滤差压增大	有固体杂质堵塞过滤器，有降解产物生成	更换过滤元件或活性炭
循环泵上量不好	①泵内有气体带入 ②入口过滤器堵塞，过滤前后差压增大	①加强泵出口排空 ②清洗入口过滤器或更换
循环泵有异响或漏液	①轴承松动，间隙过大 ②过滤器损坏，溶液含杂质 ③机械密封坏	①更换轴承 ②更换入口过滤器 ③更换机械密封
再生塔淹塔	①气相负荷过大，溶液浓度降低，再沸器温度过高 ②液相负荷过大，原料气 H_2S 含量增大，溶液循环量增大，回流量增大	①补充新溶液，提高溶液浓度；降低再沸器温度 ②在保证净化度合格的情况下，适当降低溶液循环量，严格控制塔顶温度，适当降低塔顶回流量
调节系统故障	①一次检测仪表故障或引压管线堵塞 ②变送器或其他仪表元件故障	①引压管线清堵 ②检修或更换仪表元件

三、热碳酸钾法脱硫

热碳酸钾法是人们熟悉的广泛用于脱除合成气中 CO_2 的方法,国内常称为热钾碱法。由于溶液中常加入促进 CO_2 吸收的活化剂,所以也称为活化热钾碱法。

此法常用于处理具有较高温度的合成气,这就可能使溶液的吸收与再生在相近的温度下进行,使装置省去换热冷却设备。而且,较高的温度还增加了碳酸钾的溶解度,从而可获得较高的溶液 CO_2 负荷。此法在天然气领域应用不多。

热钾碱溶液吸收 CO_2 及 H_2S 的反应如下:

$$K_2CO_3 + CO_2 + H_2O = 2KHCO_3$$
$$K_2CO_3 + H_2S = KHS + KHCO_3$$

与胺法常温吸收、升温解吸不同,热碳酸钾法吸收与解吸几乎在同样高的温度下进行,不过是在压力下吸收而降压再生的。

图 7-3 为常规热钾碱法流程。吸收塔的操作温度通常为 110℃,汽提塔的操作压力通常在 13.69~68.95kPa 范围内。采用常规流程,可使净化气中 CO_2 浓度达到 0.5%~0.6%。

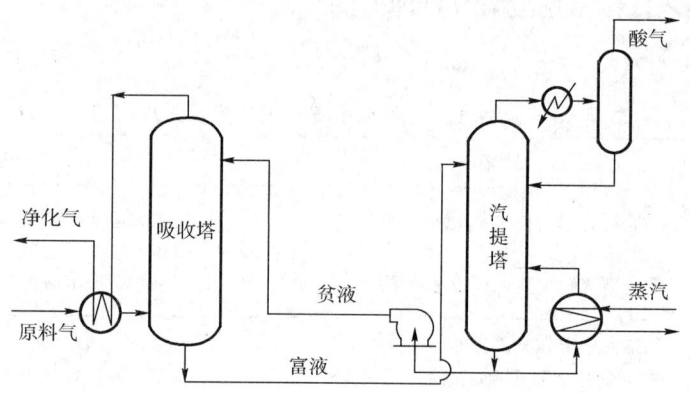

图 7-3 常规热钾碱法流程

当要求净化气 CO_2 浓度达到 0.1%~0.2% 时,可采用贫液分流流程,如图 7-4 所示。此时分出约 1/3 的贫液冷至 30℃送至吸收塔,从而降低了出塔气体的 CO_2 浓度。

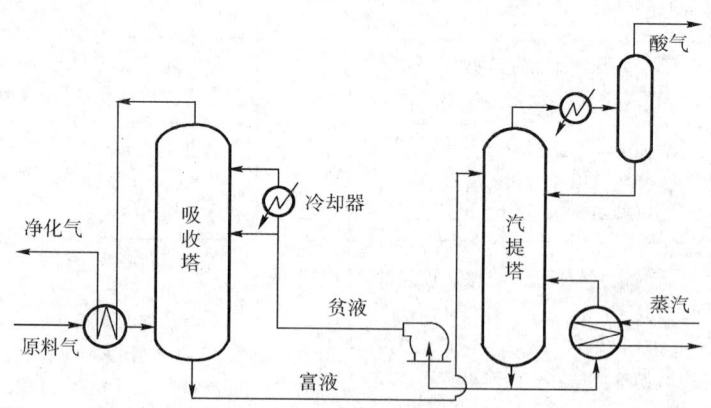

图 7-4 贫液分流热钾碱法流程

当需处理 CO_2 浓度高达 20%~40% 的进料气时，可采用如图 7-5 所示的贫液与半贫液分流流程：从再生塔中部取出占总量 3/4 左右的半贫液送至吸收塔中部，而余下的 1/4 获得更好再生的贫液送入吸收塔顶。为了获得更高的净化度，此股贫液也可进一步冷却后入塔。此种流程的优点是可降低能耗。

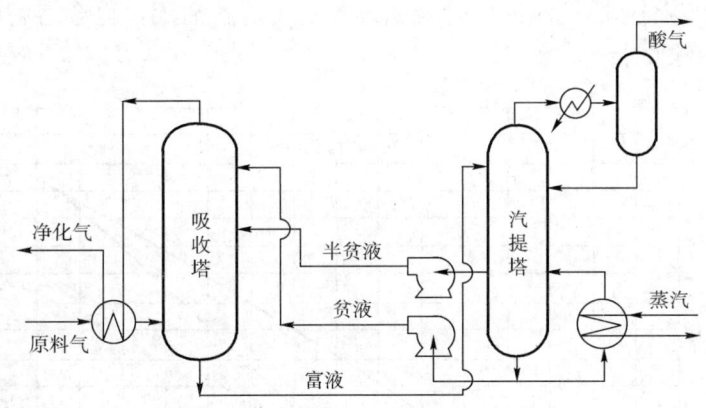

图 7-5　贫液与半贫液分流热钾碱法流程

四、物理—化学吸收法脱硫

物理—化学吸收法指兼有物理吸收和化学吸收两种方法的联合吸收法。而砜胺法即为典型的联合吸收法。

砜胺法又称为萨菲诺法（Sulfinol 法）。它所用的物理吸收剂为环丁砜；化学吸收剂可以用任何一种醇胺化合物，但最常用的是二异丙醇胺（DIPA）与甲基二乙醇胺（MDEA），分别命名为 Sulfinol-D（砜胺Ⅱ型）和 Sulfinol-M（砜胺Ⅲ型）。由于 MDEA 化学性质稳定，再生耗能低，且对于高碳硫比天然气有极好的选择性，因此发展迅速，目前在天然气净化工业中被广泛应用。

Sulfinol 法的典型工艺流程图如图 7-6 所示。从图中可见，该流程图及设备类同于胺法的流程图，在此不再赘述。

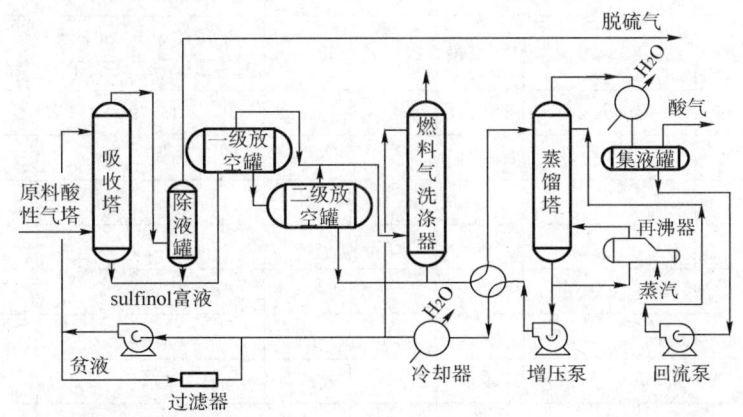

图 7-6　砜胺法脱硫工艺流程图

砜胺法兼有物理吸收法和化学吸收法两者的优点，其操作条件与相应的胺法相当。但物理溶剂的存在使溶液的酸气负荷大大提高，当进料气中酸性气体分压高时此法更为适用，如图 7-7 所示。砜胺法同时还具有贫液循环量小、溶剂损失少、气体的净化度高、对设备的腐蚀较轻微等优点。新砜胺法与传统砜胺法相比还有易于再生、不存在化学降解问题。其缺点为吸收重烃能力较强，凝固点较高（-2.2℃），价格较贵，溶液变质产物复活困难。同时还因环丁砜是良好溶剂，因此溅漏到管线或设备上会溶解油漆，也会溶解铅油等密封材料，故对管子等都有特殊要求。

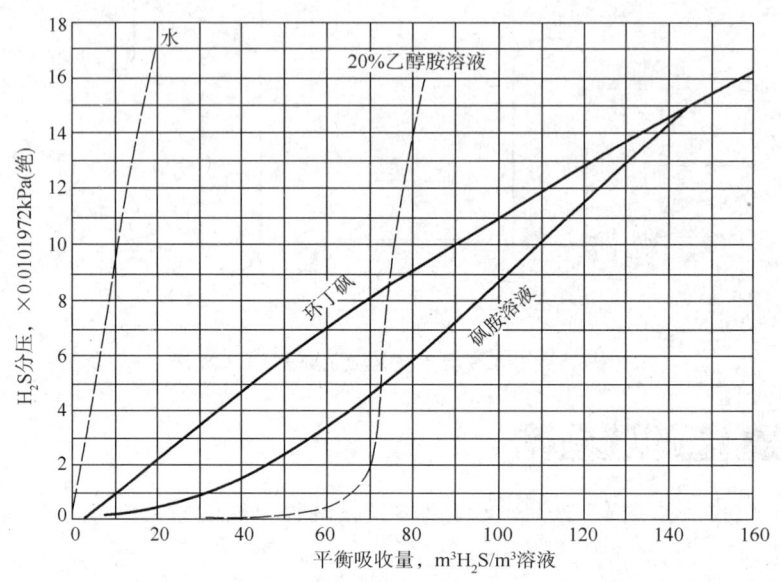

图 7-7 不同溶液中酸性气体的吸收等温线

砜胺法脱硫装置操作要点与胺法脱硫装置类似，主要有三类：保持溶液清洁、防止设备腐蚀及降低消耗指标。

表 7-4 所示为胺法及砜胺法的工艺特点比较。

表 7-4 各种胺法及砜胺法的工艺特点

工艺	MEA	DEA	DIPA	MDEA	DGA	砜胺Ⅱ型 (Sulfinol-D)	砜胺Ⅲ型 (Sulfinol-M)
溶液浓度，%	10~20	20~40	20~40	20~50	50~65	DIPA 30~50，水 15~20，余为环丁砜	MDEA 40~50，水 15~20，余为环丁砜
溶液酸气负荷，m^3/m^3	6~28	22~75	18~61	—	16~52	30~98	—
完全脱除 H_2S 及 CO_2	√	√			√	√	
选择脱除 H_2S			√	√			√
脱除 CO_2	√	√					
脱除有机碳						√	√
能耗	高	较高	较低	低	高	较低	低
醇胺变质	严重	较严重	较轻	轻	较严重	较轻	轻
溶液复活	需要	不能	可以	不需要	需要	可以	不需要
腐蚀	严重	较严重	较轻	轻	较严重	较轻	轻
烃溶解度	低	低	低	低	较低	较高	较高

五、物理吸收法脱硫

物理吸收法是利用 H_2S 及 CO_2 等酸性杂质与烃类在物理溶剂中溶解度的巨大差异完成天然气的脱硫任务的。

在我国，多乙二醇二甲醚、碳酸丙烯酯及冷甲醇法等物理溶剂脱除气体中酸气的方法也已实现了工业应用，现主要用于合成气脱除 CO_2 及煤气脱硫等领域，在天然气净化方面尚无应用实例。

由于物理吸收法脱除酸气的原理与胺法迥然不同，其特点概括如下：
(1) 传质速率慢；
(2) 达到高的 H_2S 净化度较为困难；
(3) 溶剂再生的能耗低；
(4) 具有选择脱硫能力；
(5) 优良的脱有机硫能力；
(6) 可实现同时脱硫脱水；
(7) 烃类溶解量多、特别是重烃；
(8) 酸气负荷与酸气分压大体成正比；
(9) 基本上不存在溶剂变质问题。

物理吸收法的应用范围不可能像胺法那么广泛，但在某些条件下，它们也具有一定的技术经济优势。以下重点介绍物理吸收法中具有代表性的多乙二醇二甲醚和碳酸丙烯酯这两种方法。

1. 多乙二醇二甲醚法

对于天然气脱硫而言，多乙二醇二甲醚法是物理吸收法中最重要的一种方法。此法是由美国 Allied 化学公司首先开发的，其商业名称为 Selexol。

以下介绍两套使用 Selexol 法净化天然气的装置：一套为德国的 NEAG-Ⅱ装置，用于处理高 H_2S 及 CO_2 分压的天然气，且取得了选择脱除 H_2S 的效果；另一套为美国的 Pikes Peak 装置，用于处理低 H_2S 含量、高 CO_2 的天然气，主要是脱除 CO_2。

1) 德国 NEAG-Ⅱ装置

北德天然气矿业公司（NEAG）共有三套天然气脱硫装置，此中第二套（NEAG-Ⅱ）使用 Selexol 法脱硫。图 7-8 为 NEAGP-Ⅱ Selexol 装置的工艺流程图。原料天然气在吸收塔内经 Selexol 溶剂逆流洗涤脱除 H_2S、有机硫、水分及部分 CO_2 后成为产品天然气从塔顶排出。塔底富液进入闪蒸罐闪蒸，闪蒸气压缩后送 NEAG-Ⅰ装置（采用 Purisol 即 N-甲基吡咯烷酮法处理）。闪蒸罐底富液在换热后进入解吸塔，与再沸器内产生的蒸气汽提，解吸出的酸气送克劳斯制硫装置。解吸塔底溶液再进入汽提塔，用净化气进一步汽提以降低溶液中的 H_2S 含量，汽提排出气压缩后送往 NEAG-Ⅰ装置。汽提塔底再生好的 Selexol 溶剂换热、冷却并增压再循环至吸收塔。

此处需要说明的是，NEAG-Ⅰ Purisol 装置所要求的原料气质量指标为 $H_2S<1000mL/m^3$。当不存在这种方便条件时，如德国的 Duste-Ⅱ Selexol 装置，闪蒸气以及汽提气在压缩后则与装置的原料天然气一起进入吸收塔。

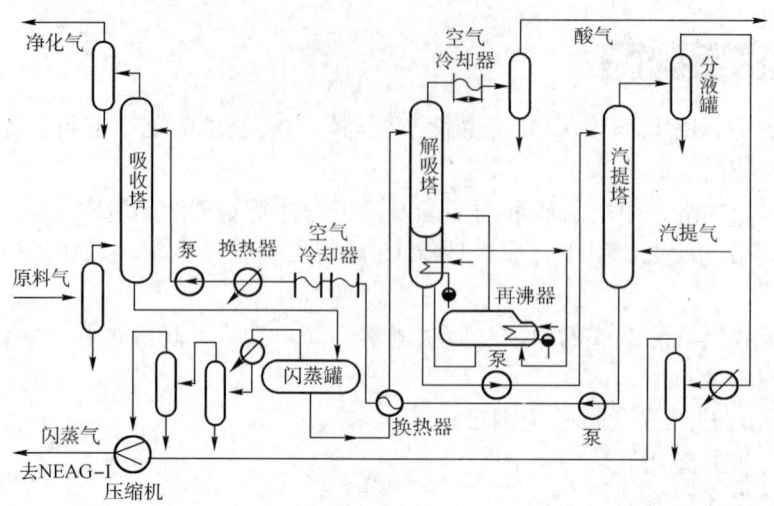

图 7-8 NEAG-Ⅱ Selexol 装置工艺流程图

2) 美国 Pikes Peak 装置

美国 Pikes Peak 装置与 NEAG-Ⅱ装置不同，其原料天然气含 H_2S 为 $60mL/m^3$、CO_2 为 43%，而净化气要求二者分别达到 $6mL/m^3$ 和 3% 的管输标准。因此，这实际上是一套脱除大量 CO_2 的装置。

Pikes Peak 装置流程示于图 7-9。原料天然气与高压闪蒸气混合后与净化气换热使温度降至 $4℃$，然后进入吸收塔。在与 Selexol 溶剂逆流接触后，脱除了 H_2S 及 CO_2 的净化气从塔顶排出。富液在稳定后连续在高压、中压及低压闪蒸罐内析出吸收的气体，其中高压闪蒸气含烃多，经压缩后返回与原料气混合；而中压及低压闪蒸气主要是 CO_2，从烟囱排入大气。低压闪蒸后得到的贫液加压泵回吸收塔，溶剂在闪蒸过程中温度降至所需的水平。

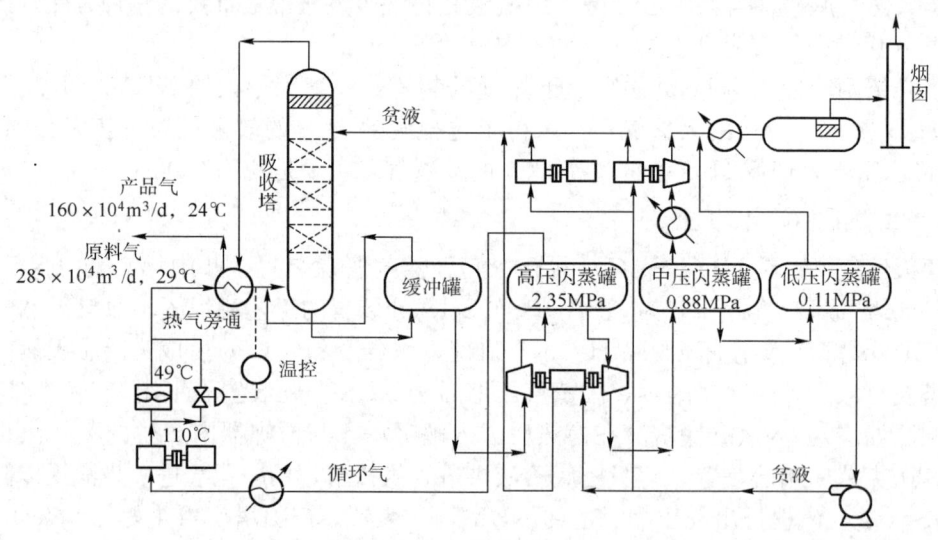

图 7-9 Pikes Peak 装置工艺流程图

2. 碳酸丙烯酯法

美国 Fluor 公司首先研究开发了碳酸丙烯酯法，其商业名称为 Fluor Solvent。

美国得克萨斯州有一套 Fluor Solvent 天然气脱硫装置。其处理量为 $623\times10^4\text{m}^3/\text{d}$，原料气 CO_2 含量为 53%，H_2S 为 69mg/m^3，经该套装置处理后净化气 CO_2 含量为 2%，H_2S 为 5.769mg/m^3，同时还大大降低了硫醇含量并脱水至管输标准。

其工艺流程为：进料气在3个平行的吸收塔内与碳酸丙烯酯贫液逆流接触，达到净化规格的天然气从顶部出塔。塔底富液则在4个顺次的闪蒸罐内闪蒸再生；第一个高压闪蒸罐出来的闪蒸气压缩返回吸收塔入口；第二、第三个闪蒸罐在中压及常压下操作；第四个则是真空闪蒸罐，其真空是依靠 CO_2 喷射器获得的。

此装置的特点是能量利用合理，采用的富液及气体膨胀透平大大降低了公用工程消耗，同时由于回收了冷能而降低了循环量并相应缩小了设备尺寸。碳酸丙烯酯的损失，包括净化气及闪蒸气中的平衡汽相损失和机械损失，通常不超过 $0.16\text{kg}/10^4\text{m}^3$ 进料气。

六、直接转化法脱硫

蒽醌法（SNPA—ADA）为直接转化法的一种。此法自上世纪60年代应用于工业后发展很快。最初主要用于水煤气和焦炉煤气脱硫，经过不断改善近年也开始用于天然气脱硫。它采用 2.6—蒽醌二黄酸钠和 2.7—蒽醌二磺酸钠（即 ADA）为催化剂，以偏钒酸钠（$NaVO_3$）、碳酸钠（Na_2CO_3）、酒石酸钾钠（$NaKC_4H_4O_6$）等碱性盐溶液为脱硫剂，可使 H_2S 在溶液中直接转化为单质硫，从而省去了硫黄回收装置，且硫黄回收率高，质量好，水和蒸汽耗量也不大。不足之处是，该溶剂的吸收容量小，溶剂循环量大，因而耗电量较高。它更主要的缺点是吸收剂毒性太高。

本法适用于天然气中 H_2S 含量较低，且 CO_2/H_2S 比值高、气体处理量不太大的场合。

1. 化学原理

蒽醌法脱硫的反应过程包括以下四步——
（1）在 pH=8.5～9.2 的范围内，以稀碱溶液吸收 H_2S 而生成硫氢化物：
$$Na_2CO_3 + H_2S \rightarrow NaHS + NaHCO_3$$
（2）在液相中硫氢化物与 $NaVO_3$ 反应，生成还原性的焦钒酸钠（$Na_2V_4O_9$），并析出单质硫：
$$2NaHS+4NaVO_3+H_2O \rightarrow Na_2V_4O_9+4NaOH+2S\downarrow$$
（3）$Na_2V_4O_9$ 与氧化态的 ADA 反应，生成还原态的 ADA，而 $Na_2V_4O_9$ 被氧化成 $NaVO_3$：
$$Na_2V_4O_9+2ADA+2NaOH+H_2O \rightarrow 4NaVO_3+2ADA$$
　　　　　　（氧化态）　　　　　　　　　　（还原态）
（4）还原态 ADA 被空气氧化而再生：
$$2ADA+O_2 \rightarrow 2ADA+H_2O$$
　　（还原态）　（氧化态）

2. 工艺流程

图 7-10 所示为某蒽醌法天然气脱硫装置的典型工艺流程。
原料气在吸收塔中与溶液逆流接触，气体中所含 H_2S 被溶液所吸收，净化气中 H_2S 含

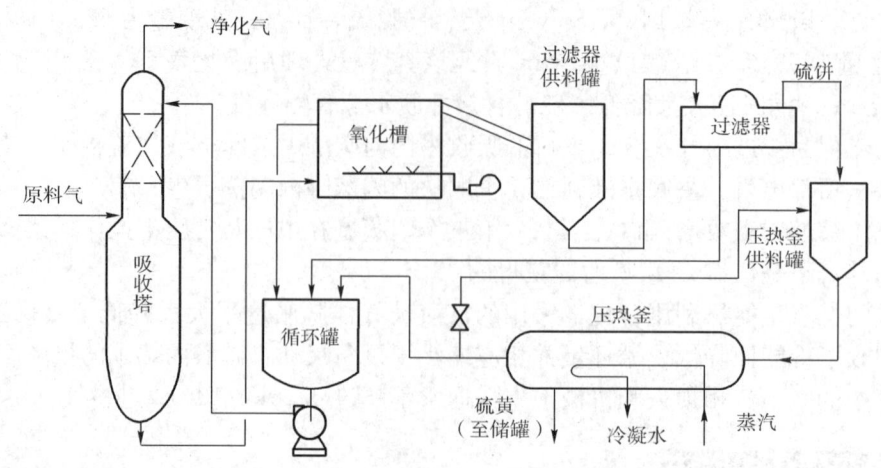

图 7-10 蒽醌法脱硫的工艺流程

量小于 1mg/L，溶液从塔底流出引至反应槽（可以就是吸收塔的底部，或者是一个单独分开的容器），硫化物在这里完全转化为单质硫。溶液从反应槽内流出并引至氧化槽与空气紧密接触而得以再生。溶液与空气通常是同向并行流动。在氧化槽内，硫黄以泡沫的形式漂浮在液面上而与溶液分离开，此时泡沫中约含 10% 的固体硫。

泡沫硫收集在一个容器内，随后送至过滤器进行加工，以分出残留在泡沫硫中的溶液。通常需要用水去洗涤硫膏以回收包含在溶液中的化学药品，并获得相当纯净的硫黄。最后把含有 50%～60% 的硫饼送至压热釜内熔化、精炼，从而生产出商品液硫或固体硫黄。

蒽醌法脱硫还有其他形式的流程，归纳起来有如下四种类型：常压吸收塔式再生，常压吸收—槽式再生，加压吸收—塔式再生和加压吸收—槽式再生。尽管流程是多变的，但都有其共同之处，即如图 7-10 流程一样由吸收、再生和硫黄回收三个部分组成。

蒽醌法脱硫装置最好在 21.1～43.3℃ 的温度范围操作，吸附压力没有限制。

七、分子筛法脱硫

1. 普通分子筛法

分子筛法属于干式床层脱硫法的一种。4A 型、5A 型以及 13x 分子筛既可干燥天然气，也可选择性脱除 H_2S 和其他硫化物。由于分子筛有高度局部集中的极电荷，这些局部集中电荷使分子筛能强烈吸附有极性的或可极化的物质分子。H_2S 属于极性分子，因此，分子筛也表现出足够高的吸附容量。

分子筛对 H_2S 的吸附容量随温度升高而降低，也随 CO_2/H_2S 比例的增加而降低，如图 7-11 所示。

如果用分子筛处理湿天然气，此时，分子筛担负着脱水与脱硫的双重任务。当

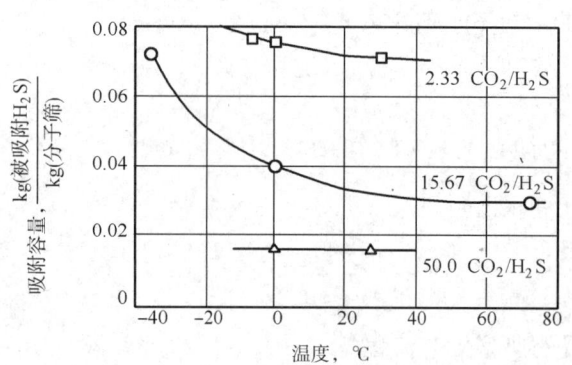

图 7-11 常压下温度对分子筛吸附容量的影响

然，气体中水分含量很高时，需要在分子筛脱硫前先行脱水。如图 7-12 所示，其脱水和脱硫的分子筛床层有四个主要吸附段：

(1) 水平衡段。因为水比硫化物更强烈地被吸附，所以水就大量地置换硫化物。
(2) 水—硫交换段。该段内水正在置换分子筛表面的硫化物。
(3) 硫平衡段。硫化物在此段内被吸附，直到达到床层的平衡吸附容量。
(4) 硫传质段，硫化物在此段被从气相转移至吸附段。

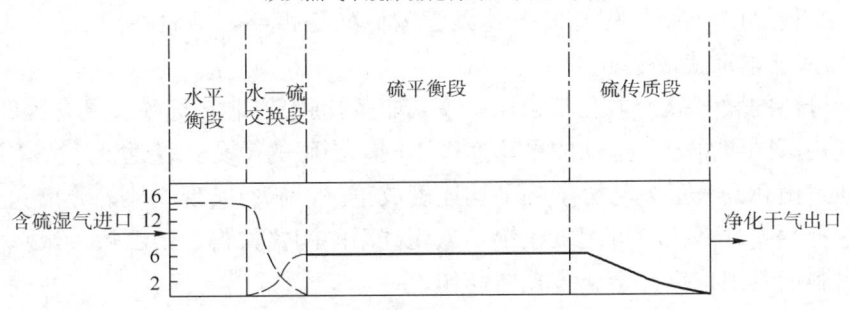

图 7-12 吸附过程的图解表示

目前已开发了若干种供天然气脱硫用的分子筛法，它们的特点和不同往往只反映在再生气体流程上，而吸附过程都如上述四个阶段。

简单分子筛吸附脱硫流程如图 7-13 所示，与分子筛脱水流程类似，不再重述。

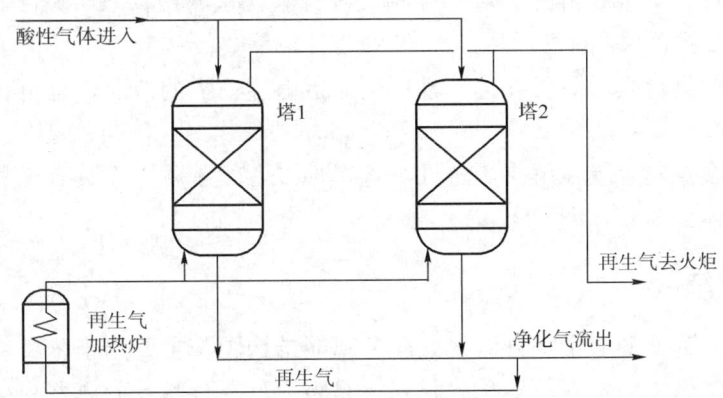

图 7-13 简单分子筛吸附法流程图

2. 分子筛净化的特点

(1) 装置的处理弹性大，处理量从每小时 $1m^3$ 到上百立方米。
(2) 如果处理量减少，装置可以在低于设计负荷的条件下有效地操作。
(3) 可以同时脱水、脱无机硫和有机硫，并可使气体的含水量减到零或痕量，含硫量降至 $6mg/m^3$，达到气体管输要求。
(4) 工艺过程没有腐蚀，可以使检修费用、停工时间和清理的问题减少到最少。

八、膜分离法脱硫

20 世纪 50 年代开发的膜分离法，先是在液体分离、海水淡化等工业领域应用，70 年代后开始用于气体分离。目前用于气体分离的主要有中空纤维管式膜分离器和卷式膜分离器，分别采用中空纤维膜和卷式膜。

1. 膜的性能及分类

膜分离法是利用气体混合物各组分在压差作用下透过膜时渗透量的差异来实现混合物分离的工艺方法。

膜分离是一种粗脱方法，即脱除大量酸气（CO_2、H_2S 或两者）的方法在技术经济上是较为有利的；欲使用膜分离法脱除 H_2S 达到管输标准是相当困难而不经济的，除非原料天然气中 H_2S 的浓度本来就很低。

用于气体分离的膜可分为多孔膜、均质膜（非多孔膜）、非对称膜及复合膜四类。

多孔膜利用不同组分分子运动的平均速度不同，当膜的微孔孔径远低于气体运动平均自由行程时，通过微孔的分子数与分子的平均速度成正比，从而实现气体的分离。其特点是渗透能力高但选择性差。多孔膜可用氧化铝、氧化硅系的陶瓷材料、聚乙烯、聚砜、聚四氟乙烯等高分子材料以及镍、铝等金属多孔体制作。

均质膜即非多孔膜是使用高分子材料或有机物制成的，大多具有抗热、抗压及抗化学侵蚀的能力；其分离原理是利用不同气体在膜表面溶解及扩散性能的差别而实现气体的分离，特点是选择性高而渗透能力差。

非对称膜是制膜工艺上的重大突破，其目的是在不损害膜的选择性前提下通过降低膜的厚度以增加渗透量。最早制得的非对称性醋酸纤维膜，是将极薄（0.1～1mm）的致密皮层支撑在一张高密多孔的基材上。

进一步开发的复合膜，既可在选择性层上涂敷渗透性强的薄层，也可在渗透性层上涂敷选择性强的薄层。

由于非对称膜及复合膜在解决渗透性与选择性二者的矛盾方面具有优势，它们已成为当前应用较广的气体分离膜。

2. 膜分离器结构

图 7-14（a）为 Prism 中空纤维管式膜分离器结构图，主要用于分离氢气和生产富氧空气。它采用涂有硅氧烷的聚砜不对称膜材料，是阻力型复合膜。分离器的结构类似列管式换热器，壳程直径一般为 10～25cm，内装 (1～10)$\times 10^4$ 根中空纤维，分离器长 3～6m。图 7-14（b）为卷式膜分离器，主要用于从天然气中分离 CO_2。

3. 膜分离工艺流程

膜分离工艺流程可以为一级膜分离流程、二级膜分离流程甚至于将膜分离和胺法相结合的串级流程。

选用一级或二级膜分离流程的主要考虑因素是渗透气（即被富集的酸性气体）中烃类的回收问题。当原料气中酸性组分浓度为 10% 时，采用一级膜分离可使渗余气（即净化气）中酸性组分浓度降为 1%，而随渗透气排出的烃类损失量可达 20% 以上。若用二级膜分离回收烃类，则烃类损失量可降至 4% 以下。

图 7-15 为一套二级膜分离撬装装置流程图。在此流程中，经一级膜分离后，烃损失量

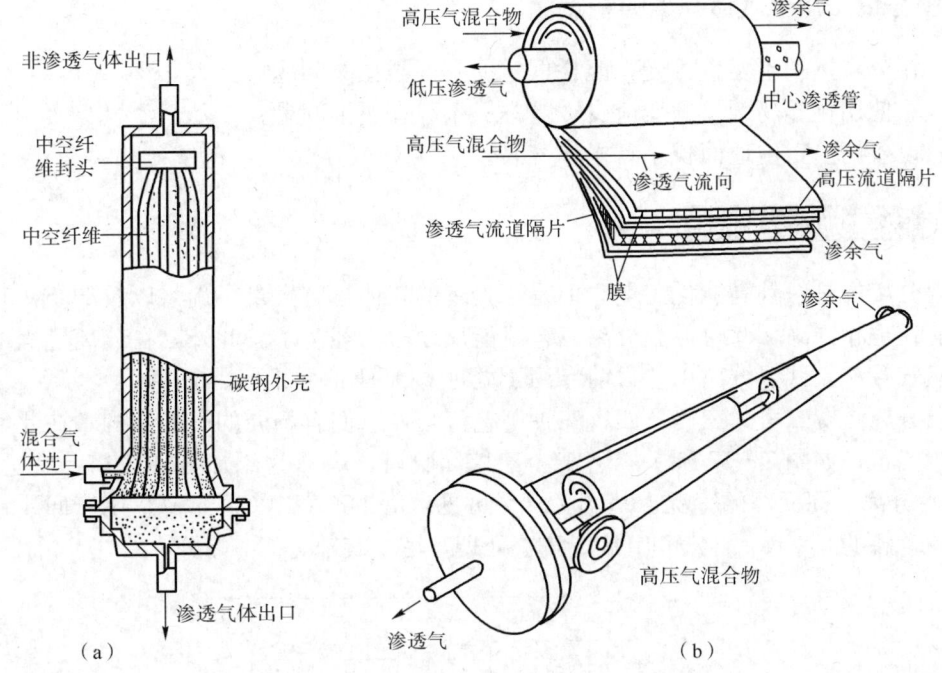

图 7-14 膜分离器结构示意图
(a) 中空纤维膜；(b) 卷式膜

约为原料气中烃含量的 24%。经过二级膜分离回收渗透气中的烃类后，平均烃损失量降至 2.06%。同时，由于膜分离装置还具有良好的脱水效果，净化气不需进一步脱水即可管输。

为了保证净化气进克劳斯装置的酸气质量，可将膜分离法和胺法结合使用，即所谓串级或集成法脱硫流程，如图 7-16 所示。该装置先用膜分离器将原料气中的 H_2S 含量从 20% 降至 3%，然后再用胺法进一步处理。

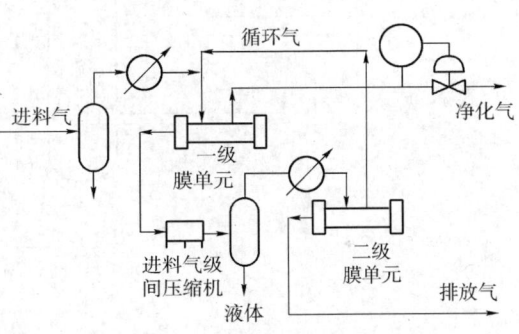

图 7-15 两级膜分离流程示意图

而膜分离器的渗透气和胺法装置脱除的酸性气体混合后的 H_2S 含量则高达 71.6%。

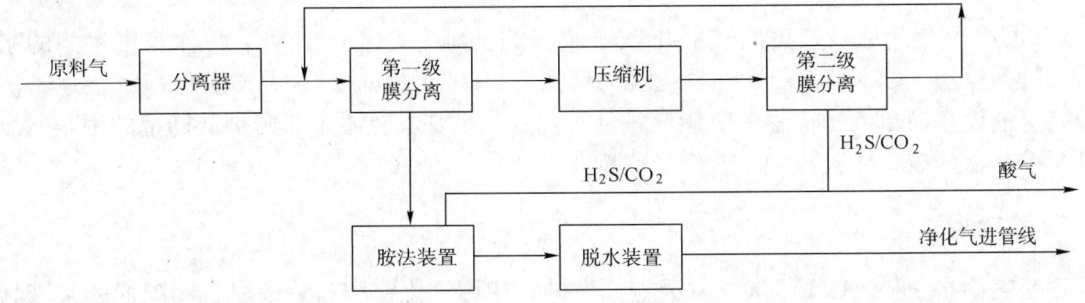

图 7-16 某串级脱硫装置原理流程

4. 膜分离法用于气体分离的特点

(1) 在分离过程不发生相变，能耗低，但有烃类损失问题；
(2) 不使用化学药剂，副反应少，基本上不存在腐蚀问题；
(3) 设备简单，占地面积小，操作容易。

九、低温分离法脱硫

低温分离本是一种高能耗工艺，但是当处理的气体含有大量 CO_2（以及 H_2S）时，净化方法的能耗也相当高，此时低温分离工艺可能反而较为经济了。此外，在分离过程中还可以回收天然气凝液。低温分离工艺目前专用于处理 CO_2 驱油伴生气。

低温分离法有二塔、三塔及四塔三种工艺流程，它们有不同的产品结构。在此，仅介绍二塔工艺流程，如图 7-17 所示。塔 1 为乙烷回收塔，塔 2 为添加剂回收塔，它适用于 C_1 与 CO_2 不分离一同回注的工况。从图 7-17 可见，塔 1 顶部出 C_1 与 CO_2 用于回注，塔 2 顶部出来的含硫的 $C_2 \sim C_4$ 馏分可用常规胺法处理，塔 2 底部为 C_4^+ 馏分。

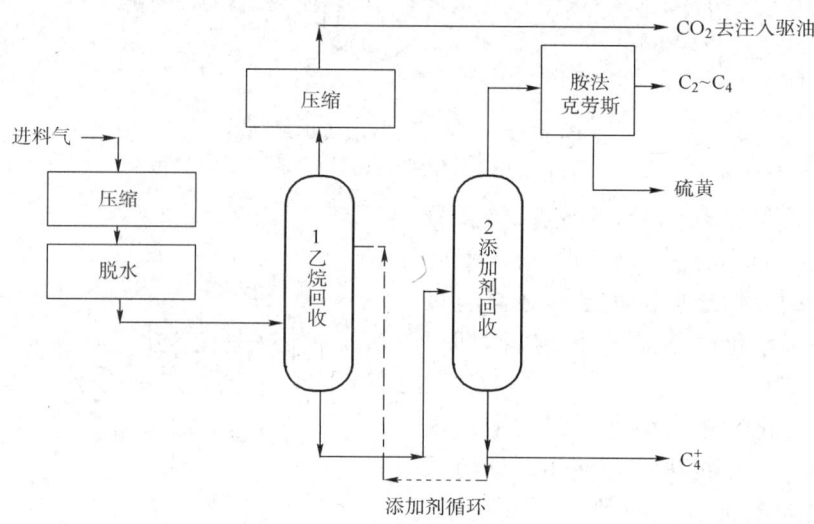

图 7-17 低温分离法二塔流程

十、浆法脱硫

20 世纪 70 年代后期，美国在氧化铁法脱硫的基础上，开发成功了两种非再生型的浆法，即锌盐浆法（Chemsweet）和铁化合物浆法（Slur-risweet）。这类方法保持了上述干法脱硫具有的设备简单、操作容易、能耗较低等优点，也基本克服了脱硫剂装卸上的困难，故国外目前在低含硫气体脱硫中已有广泛应用。

1. 锌盐浆法

这是美国奈脱科（C. E. Natco）公司开发的，使用氧化锌和乙酸锌混合物配成的浆液为脱硫剂。其气液接触塔的结构如图 7-18 所示。含硫原料气从塔底进入后经分配器分散成细小的气泡。这些气泡自下而上通过浆液进行气液反应，同时提供保持浆液混合良好的搅拌作用。净化气经除雾器后出塔。

吸收塔的高度必须保证鼓泡后的浆液与除雾器之间有合适的隔离空间,因为气泡通过浆液时会使浆液体积膨胀。由于此法是非再生型的,因而装入的浆液量必须足以维持一定的操作周期,其范围大致为 15~90 天。

2. 铁化合物浆法

图 7-19 为我国自行开发的铁化合物浆法脱硫的原理流程图。该工艺利用含氧化铁的工业废尘配制浆液,排出的废浆液经风干和除硫后,可以用作制砖的原料。该装置对 H_2S 含量为 $1\sim 2g/m^3$ 的天然气,经双塔串联接触反应后,净化气 H_2S 含量低于 $20mg/m^3$。本法一般都采用双塔串联操作,但对 H_2S 含量很低或净化度要求不高的原料气也可考虑单塔操作。

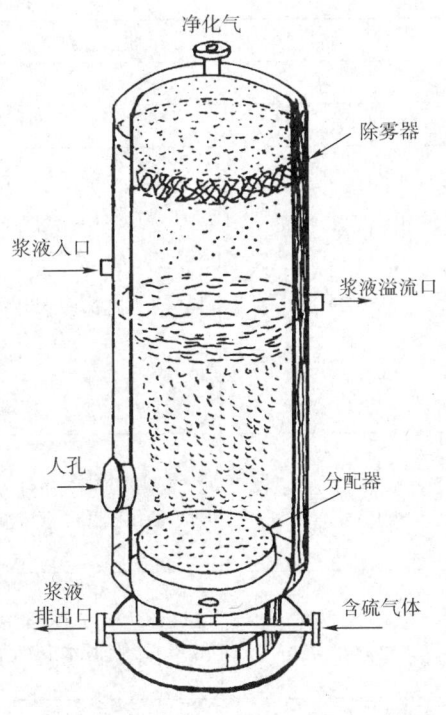

图 7-18 锌盐浆法吸收塔结构示意图

十一、天然气脱硫方法的选择

表 7-5 列出了天然气工业常用脱硫方法的特点及应有情况,通过分析可以得出以下结论:

(1) 各种胺法是天然气脱硫最主要的方法。常规胺法用于同时脱除 H_2S 及 CO_2 的工况,选择性胺法则用于在 H_2S 与 CO_2 同时存在时选择性脱除 H_2S 的工况。20 世纪 90 年代兴起的各种配方胺液则使其应用领域进一步精细化。

(2) 以砜胺法为代表的物理化学吸收法也有较为广泛的应用,特别适合于脱除 H_2S 和 CO_2 且同时需脱除有机硫的工况。

(3) 热钾碱法虽然也有广泛应用,但主要用于合成气脱碳,在天然气净化厂中的应用有限。

(4) 物理吸收法适于脱除大量酸气的工况,其能耗低,并可同时脱除有机硫、H_2S 并可同时脱水;但欲保证高的 H_2S 净化度则需要采取特别的溶液再生措施。此外,存在烃的溶解损失问题。

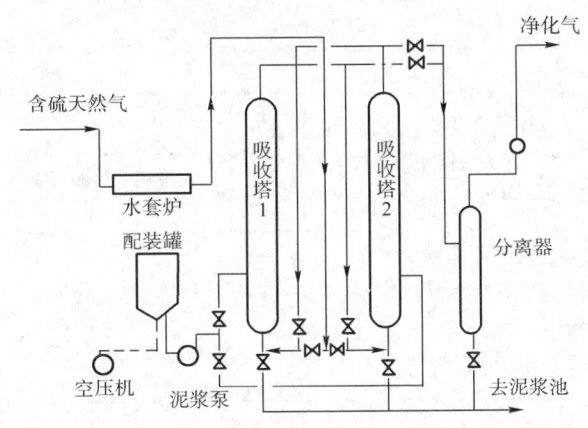

图 7-19 含氧化铁废尘浆液脱硫原理流程

(5) 膜分离法也适于脱除大量酸气,特别是脱除 CO_2 的工况,能耗很低;但处理 H_2S 无法达到通常的管输质量要求,此外还存在烃的损失问题;将胺法与膜法组合是一种好的安排。

(6) Ryan/Holmes 低温分馏工艺是专门为 CO_2 驱油后的伴生气的处理而开发的,可得到 NGL、干气和酸气几种产品。

表 7-5 主要脱硫方法情况

方法名称	脱硫剂	脱硫情况与特点	工业应用
化学吸收法			
Ⅰ 烷基醇胺法			
1. 一乙醇胺法（MEA 法）	15%～24%（质量分数）的一乙醇胺水溶液	主要是化学吸收过程，操作压力影响较小，在 0.3～0.7MPa 低压下操作仍可达到管输天然气气质要求。当酸气含量不超过 3%，用此法较经济；对于酸气含量超过 3% 的天然气也可用此法脱硫。但是由于溶液循环量大，再生耗热高，因而操作费用比物理吸收法要高，此法可部分脱除有机硫化合物	为常用的脱硫方法，应用广泛
2. 改良二乙醇胺法（SNPA-DEA 法）	25%～30%（质量分数）的二乙醇胺水溶液	适用于高压、高酸气浓度、高 H_2S/CO_2 比值的天然气的净化。当 H_2S 分压达到 0.4MPa 时，此法比 MEA 法经济	主要在加拿大、法国和中东应用
3. 二甘醇胺法（DGA 法）	50%～70%（质量分数）二甘醇胺水溶液	用于高酸气含量的天然气净化，比其他醇胺溶剂腐蚀性小，再生耗热小，DGA 水溶液冰点在 -40℃ 以下，可在极寒冷地区使用	在沙特阿拉伯用于处理低压伴生气
4. 二异丙醇胺法（DIPA 法）	25%～30%（质量分数）的二异丙醇胺水溶液	脱硫情况与乙醇胺法大致类似，可以脱除部分有机硫化合物。在 CO_2 存在时对 H_2S 吸收有一定选择性。腐蚀性小，胺损失量小，蒸汽消耗较一乙醇胺法小。	主要用于炼厂气脱硫及斯科特法硫回收装置尾气处理
5. 甲基二乙醇胺（MDEA 法）	30%～50%（质量分数）的甲基二乙醇胺水溶液	类似于 MEA 法。在高碳硫比下能选择性脱除 H_2S，循环量小，操作费用低，蒸气压低，损失少，应用极广。活性化 MDEA 溶液可脱除大量 CO_2	为常用的脱硫方法，通常与环丁砜混合使用，选择性脱硫效果好
Ⅱ 碱性盐溶液法			
6. 改良热钾碱法（Catacarb 法和 Benfield 法等）	20%～35%（质量分数）的碳酸钾溶液中加入烷基醇胺和硼酸盐活化剂	适用于含酸气 8% 以上、CO_2/H_2S 高的天然气净化，压力对操作影响较大，吸收压力不宜低于 2MPa	美国和日本合成氨厂大量用此法脱 CO_2
7. 氨基酸盐法（Alkocid 法）	甲基丙氨酸钾或二甲基乙氨酸钾水溶液	对 H_2S 具有高度选择性，可用于常压或高压气体脱 H_2S 和 CO_2，净化气中 H_2S 含量达不到 $6mg/m^3$	主要用于德国
物理吸收法			
8. 多乙二醇二甲醚法（Selexol 法）	多乙二醇二甲醚溶液（无水或含微量水）	用于高 CO_2 含量、低 H_2S 含量的高酸气分压的天然气选择性脱硫，可同时调整天然气的水、烃露点。	适用于天然气总酸气分压高且重烃含量低的工况
9. 碳酸丙烯酯法（Fluor Solvent 法）	碳酸丙烯酯	主要用于从高酸气分压气体中脱除有机硫化物，吸收在低温下进行。有时需要制冷设备冷却贫液。在相同条件下投资和操作费均低于热钾碱法	适用于处理天然气及油田伴生气领域

续表

方法名称	脱硫剂	脱硫情况与特点	工业应用
10. 冷甲醇法（Rectiol法）	甲醇，在$-50\sim-70℃$低温下吸收酸气	此溶剂在高压低温下对CO_2和H_2S有很高的溶解度，可同时脱除有机硫化合物，而且净化气有较低的露点，过程能量及热量消耗均低，并可选择性地脱除H_2S。缺点是由于在低温下操作，流程比较复杂，溶剂损失大。本法较适宜酸气分压大于1MPa的天然气	主要用于煤气和合成气脱硫；也可用于天然气液化过程中原料气的净化
Ⅲ 物理—化学吸收法			
11. Sulfinol-D法	环丁砜和二异丙醇胺水溶液，砜：胺：水=40：45：15	兼有化学吸收和物理吸收的作用，天然气中酸气分压达到$7.7kgf/cm^2$、H_2S/CO_2比值大于1时，此法比MEA法经济。它的缺点是吸收重烃。此法能脱除有机硫化合物，为重要的天然气脱硫方法。	国内外应用最广泛的化学—物理吸收法
12. Sulfinol-M法	环丁砜和甲基二乙醇胺水溶液砜：胺：水=40：45：15	兼有化学吸收和物理吸收的作用。对于高碳硫比天然气脱硫有极好的选择性，目前在天然气净化工业中应用最为广泛	
Ⅳ 直接转化法			
13. 铁碱法	使用了络合剂的LoCat、SulFerox、Sulfint、EDTA络合铁、FD及HEDP-NTA络合铁等方法	当有CO_2存在时，可选择性地脱除H_2S，但硫容量低，较适合于净化低H_2S含量的天然气	当前国外应用最广的络合铁法是LoCat法；国内工业应用的有EDTA络合铁、FD及HEDPNTA络合铁等方法
14. 钒法	蒽醌二磺酸钠（ADA-$NaVO_3$）法、栲胶-$NaVO_3$法、氧化煤-$NaVO_3$法、茶灰-$NaVO_3$等	将H_2S直接转化为元素硫，硫容量小，用于净化低H_2S浓度的天然气，可选择性地脱除H_2S，净化气含硫量低	多用于合成氨原料气及城市煤气脱硫
15. 改良砷碱法（G-V法）	在碳酸钾溶液中加As_2O_3	可用于气体脱CO_2，也可用于日处理天然气含硫量不超过15t/d、H_2S浓度不超过1.5%的天然气净化，有砷污染问题	它是合成氨原料气脱CO_2的主要方法
16. 改良A.D.A法	碳酸钠溶液中加入A.D.A偏钒酸钠和酒石酸钾钠	典型的二元氧化还原体系，净化度高，能同时脱除部分有机硫化合物	是目前应用最广泛的方法之一，大多应用于合成气脱硫
17. MSQ法	氨水中加对苯二酚，硫酸盐锰和水杨酸	脱硫溶液比改良A.D.A法稳定，容易形成泡沫硫	可应用于H_2S含量高的气体。国内外中、小型氮肥厂中有应用
18. PDS法	碳酸钠溶液或氨水中加$1\sim5\mu g/g$磺化酞菁钴（有部分装置还加ADA作助催化剂）	使用酞菁钴磺作为氧载体，在有催化剂存在的情况下脱除H_2S及有机硫，后在再生过程中将H_2S及有机硫催化氧化过程转化为碱、硫或二硫化物	目前正在国内的氮肥厂中推广，发展较快，在天然气脱硫方面也获得应用
Ⅴ 其他脱硫法			
19. 分子筛法	4A，5A，13X型分子筛	可同时脱除H_2S及有机硫气体。净化气中H_2S含量能达到$6mg/m^3$	目前已用于工业脱硫

续表

方法名称	脱硫剂	脱硫情况与特点	工业应用
20. 氧化铁固体脱硫剂	黄土脱硫、海绵铁法、国产常温氧化铁脱硫剂、SulfaTreat	是一类将 H_2S 反应脱除而通常并不再生的方法，用于处理粗天然气使之达到管输要求的固体脱硫剂，主要成分是活性氧化铁	近年发展较活跃
21. 膜分离法	具有可将 H_2S 及 CO_2 从 CH_4 等烃分离的薄膜	利用酸气和烃类渗透通过薄膜性能的差异而脱除酸气，特别是 CO_2；难于达到高的净化程度，流程十分简单，能耗低，但有烃损失问题	适于高酸气浓度的天然气处理，可作为第一步脱碳措施
22. 浆液法	分氧化铁浆液法、锌盐浆液法	使脱硫剂固体悬浮于水中的浆液法。氧化铁浆液法是在微酸性条件下，氧化铁脱除 H_2S；锌盐浆液法采用氧化锌与乙酸锌的混合物，在浆液中很快与 H_2S 反应生产硫化锌	锌盐浆液法的反应性能及脱硫效率优于氧化铁浆液法，且脱出一部分有机硫，但脱硫溶剂价格较贵
23. 热碳酸钾法	三氧化砷（G-V 法）、Benfiled 法及 Catacarb 法	热碳酸钾吸收与解吸几乎在同样高的温度下进行，使装置省去换热冷却设备，而且较高的温度还增加了碳酸钾的溶解度，从而可获得较高的溶液 CO_2 负荷	常用于处理具有较高温度的合成气
24. 低温分离法（Ryan/Holmes 法）	——	利用天然气的低温分馏而除去 CO_2 及 H_2S 等，C_4^+ 添加剂用于防止固体 CO_2 生成并解决 C_2-CO_2 共沸问题	系为 CO_2 驱油后的伴生气处理而开发的工艺
25. 生化脱硫法（Bio-SR 法、Shell-Paques 法）	酸性硫酸铁、弱碱性溶液、氧化铁硫杆菌	Bio-SR 法是以酸性硫酸铁溶液在酸性条件下吸收 H_2S，然后在氧化铁硫杆菌的作用下以空气中的氧将溶液中的 Fe^{2+} 氧化为 Fe^{3+}；Paques 法是以弱碱性溶液吸收 H_2S 至小于 $10Ml/m^3$，然后以硫杆菌在生化反应器内以空气将 H_2S 转化为元素硫	目前已实现工业化，在脱硫过程中使用的工艺是 Bio-SR 法

在选择脱硫方法时，可采用图 7-20 作为一般性指导。但由于需要考虑的因素很多，不能只按绘制图 7-20 时所用的条件去选择某种脱硫方法，有时经济因素和局部情况会支配着某一方法的选择。

1. 考虑因素

天然气脱硫方法的选择，不仅对于脱硫过程本身，就是对于下游工艺过程包括硫黄回收、脱水、天然气凝液回收以及液烃产品处理等方法的选择都有很大影响。在选择脱硫方法时需要考虑的主要因素包括以下几个方面：

（1）天然气中酸性组分的类型和含量。

大多数天然气中的酸性组分是 H_2S 和 CO_2，但有的还可能含有 COS、CS_2、RSH 等。只要气体中含有这些组分中的任何一种，就会排除选择某些脱硫方法的可能性。

原料气中酸性组分含量也是一个应着重考虑的因素。有些方法可用来脱除大量的酸性组分，但有些方法却不能把天然气净化到符合管输的要求，还有些方法只适用于酸性组分含量低的天然气脱硫。

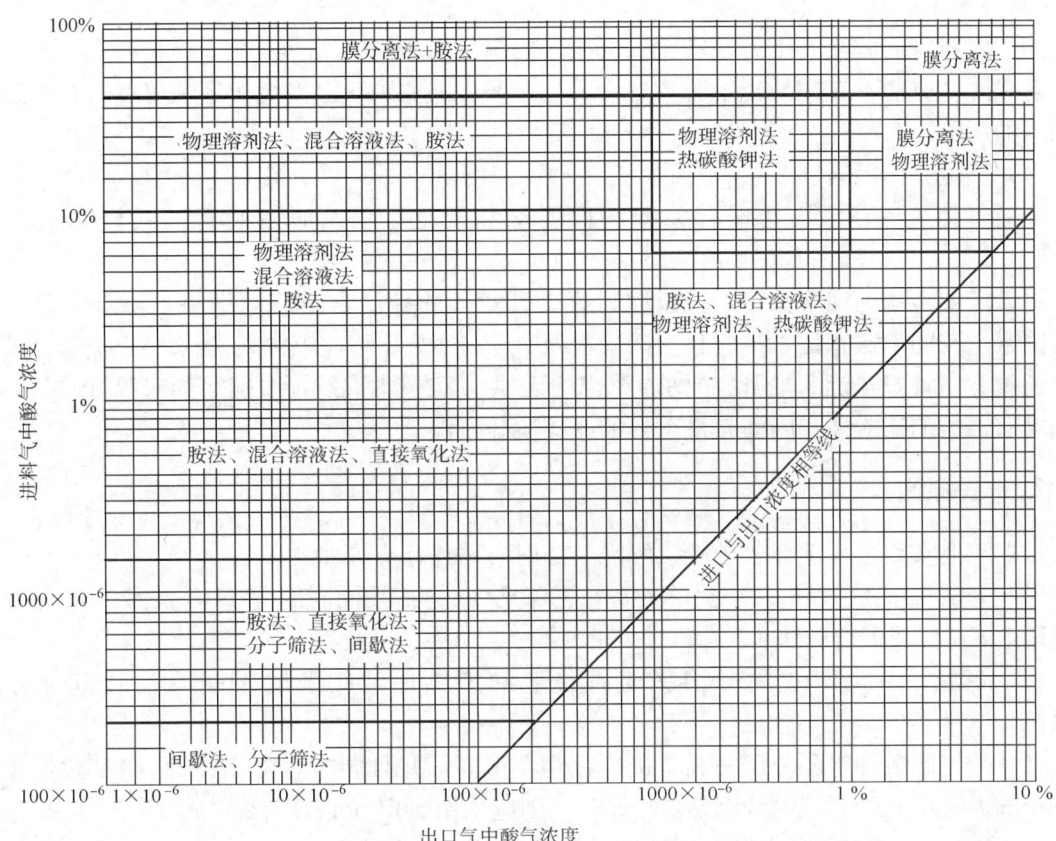

图 7-20 天然气脱硫方法选择指导

此外，原料气中的 H_2S、CO_2 及 COS、CS_2 和 RSH（即使其含量非常少），不仅对气体脱硫，就是对下游工艺过程都会有显著影响。例如，在天然气凝液回收过程中，H_2S、CO_2 及其他硫化物将会以各不相同的数量进入液体产品。在回收凝液之前如不从天然气中脱除这些酸性组分，就必须对液体产品进行处理，以符合产品的质量要求。

（2）天然气中的烃类组成。

通常，大多数硫黄回收装置采用克劳斯法。克劳斯法生产的硫黄质量对存在于酸气（从酸性天然气中获得的酸性组分）中的烃类特别是重烃十分敏感。因此，当有些脱硫方法采用的吸收溶剂会大量溶解烃类时，就可能要对获得的酸气进行进一步处理。

（3）对脱除酸气后的净化气及对所获得的酸气的要求。

作为硫黄回收装置的原料气（酸气），其组成是必须考虑的一个因素。如酸气中的 CO_2 浓度大于 80% 时，为了提高原料气中 H_2S 的浓度，就应考虑采用选择性脱硫方法的可能性，包括采用多级气体脱硫过程。

（4）对需要脱除的酸性组分的选择性要求。

在各种脱硫方法中，对脱硫剂最重要的一个要求是其选择性。有些方法的脱硫剂对天然气中某一酸性组分的选择性可能很高，而另外一些方法的脱硫剂则无选择性。还有一些脱硫方法，其脱硫剂的选择性受操作条件的影响很大。

（5）原料气的处理量。

有些脱硫方法适用于处理量大的原料气脱硫，有些方法只适用于处理量小的原料气脱硫。

（6）原料气的温度、压力及净化气所要求的温度、压力。

有些脱硫方法不宜在低压下脱硫，而另外一些方法在脱硫温度高于环境温度时会受到不利因素的影响。

（7）其他方面因素。

如对气体脱硫、尾气处理有关的环保要求和规范，以及脱硫装置的投资和操作费用等。

尽管需要考虑的因素很多，但按原料气处理量计的硫潜含量或硫潜量（kg/d）是一个关键因素。与间歇法相比，当原料气的硫潜量大于 45kg/d 时，应优先考虑胺法脱硫。虽然目前还没有一种胺法能满足所有要求，但由于这类方法技术成熟，脱硫溶剂来源方便，对上述因素有很大的适应性，因而是最重要的一类脱硫方法。

2. 选择原则

根据工业实践，在选择各种胺法和砜胺法时有下述几点原则：

（1）当酸气中 H_2S 和 CO_2 含量不高，碳硫比≤6，并且同时脱除 H_2S 及 SO_2 时，应考虑采用 MEA 法或混合胺法。

（2）当酸气中碳硫比≥5，且需选择性脱除 H_2S 时，应采用 MDEA 法或其配方溶液法。

（3）酸气中酸性组分分压高、有机硫化物含量高，并且同时脱除 H_2S 及 CO_2 时，应采用 Sulfinol - D 法；如需选择性脱除 H_2S 时，则应采用 Sulfinol - M 法。

（4）DGA 法适宜在高寒及沙漠地区采用。

（5）酸气中重烃含量较高时，一般宜用胺法。

第二节　硫黄的回收

用吸收剂再生过程所解吸出来的酸性气体生产硫黄，是天然气净化工艺的重要组成部分之一。迄今为止，酸气处理的主体工艺仍是以空气为氧源，将 H_2S 转化为硫黄的克劳斯工艺。酸气处理的主要产品是硫黄。

一、克劳斯法反应

1883 年最初采用的克劳斯法是在铝矾土或铁矿石催化剂床层上，用空气中的氧将 H_2S 直接燃烧生成元素硫和水，即：

$$H_2S + 1/2O_2 = 1/nS_n + H_2O + 205 kJ/mol \quad (7-1)$$

上述反应是高度放热反应，故反应过程很难控制，反应热又无法回收利用，而且硫收率也很低。只能借助于限制处理量来获得 80%～90%的转化率。

20 世纪 30 年代，德国法本公司将原型克劳斯工艺改革为两段反应：热反应段和催化反应段。这一重大改进使之获得广泛应用，被称为改良克劳斯工艺。

在热反应段即燃烧炉内 1/3 的 H_2S 氧化成 SO_2，有如下主反应：

$$H_2S + 3/2O_2 = SO_2 + H_2O + 518.9 \text{kJ/mol} \qquad (7-2)$$

$$H_2S + 1/2SO_2 = 3/4S_2 + H_2O - 4.75 \text{kJ/mol} \qquad (7-3)$$

其中，式（7-2）反应所放出的热量为式（7-1）反应所放热量的 2.5 倍，燃烧炉内的高温赖其维持。

在催化反应段，是余下的 2/3 的 H_2S 在催化剂上与燃烧反应段生成的 SO_2 反应，主反应是：

$$H_2S + 1/2SO_2 = 3/2nS_n + H_2O + 48.05 \text{kJ/mol} \qquad (7-4)$$

从反应式看出，反应所放出的热量不到式（7-2）反应的 1/10，稍高于式（7-1）反应的 1/4，因此催化反应段在绝热条件下也可在较高的空速条件下进行，且有利于反应温度的控制。

此处应当指出的是，催化段生成硫（主要为 S_8，也有 S_6）的式（7-4）反应是放热反应，但热反应段生成 S_2 的式（7-3）反应却是微吸热反应。

二、克劳斯工艺流程

大部分 H_2S 在燃烧炉中转化为单质硫，少部分是在多级转化器中催化转化为单质硫。通常，克劳斯装置包括热反应、余热回收、硫冷凝、再热及催化反应等部分。由这些部分可以组成各种不同的克劳斯硫黄回收工艺，从而处理不同 H_2S 含量的进料气。目前，常用的工艺方法有直通法（部分燃烧法）、分流法、直接氧化法及硫循环法等。其原理流程如图 7-21 所示。

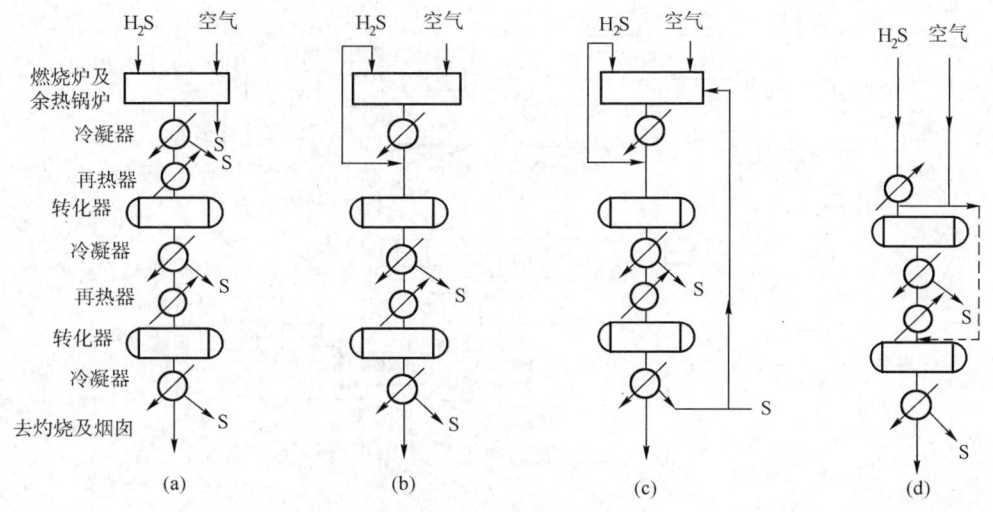

图 7-21 克劳斯法主要工艺原理流程图
(a) 直通法；(b) 分流法；(c) 直接氧化法；(d) 硫循环法

不同工艺方法的主要区别在于保持热平衡的方法不同。在这几种工艺方法的基础上，又根据预热、补充燃料气等措施的不同，派生出各种不同的变型工艺方法，其适用范围见表 7-6。

表 7-6　各种克劳斯工艺流程安排

酸气 H_2S 浓度,%	工艺流程安排	酸气 H_2S 浓度,%	工艺流程安排
50～100	直通法	10～15	预热酸气及空气的分流法
30～50	预热酸气及空气的直通法，或非常规分流法	5～10	掺入燃料气的分流法，或硫循环法
15～30	分流法	<5	直接氧化法

应当指出，表 7-6 所提供的工艺安排只是一种大体的划分。

除上述传统的克劳斯工艺外，由于对克劳斯装置尾气 SO_2 排放的环保要求日趋严格，形成了一些克劳斯装置与尾气处理联为一体的克劳斯组合工艺。

1. 直通法

如图 7-22 所示，原料气经分离后全部进入燃烧炉中，同时按比例向炉中鼓入空气，使 $1/3 H_2S$ 氧化成 SO_2，以便与剩下的 $2/3 H_2S$ 反应生成单质硫。鼓入空气量还要保证原料气中的烃类组分完全燃烧。燃烧炉的温度应控制在 1100～1600℃ 的范围，此时酸气中的 H_2S 约有 60%～70% 转化为单质硫。从燃烧炉出来的含有硫蒸气的高温气体经废热锅炉回收热能之后，进入一级冷凝器再次回收热量并分离液态硫。出一级冷凝器的过程气经再热升温至一定温度，进入一级转化器，使气流中未反应的 H_2S 在催化剂表面上进行反应，又使约 20%～25% 的 H_2S 转化为单质硫。反应气流至二级冷凝器分出液态硫。从二级冷凝器引出的过程气，流入酸气再热炉再升温至反应温度后，导入二级转化器，在更高活性催化剂的作用下，使剩余的 H_2S 完全转化为单质硫。反应气流入三级冷凝器，再次分出液态硫。从三级冷凝器流出的过程余气称为克劳斯尾气，送往下游的尾气处理装置或经灼烧后放空。

直通法的硫回收率较高，可达 95% 左右。

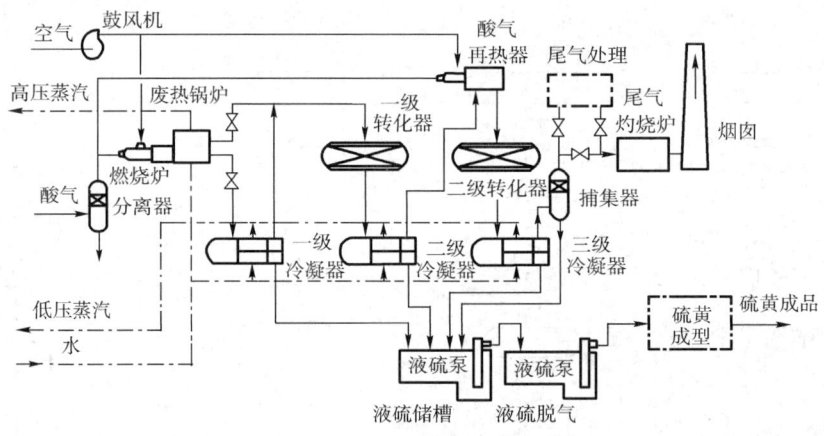

图 7-22　直通法工艺流程图

2. 分流法

酸气中 H_2S 含量在 25% 以下时，采用直通法难于使燃烧稳定，应该选择分流法，其工艺流程见图 7-23。分硫法的硫回收率较低，只能达到 92%。

在分流法中，先只以 1/3 的酸气进入燃烧炉，严格按照要求配给空气量，使酸气中的 H_2S 和烃类均完全燃烧，H_2S 全部生成 SO_2。燃烧炉的温度通常可达 1000℃ 左右。要求燃烧后的气体中没有过剩的氧存在，因为氧的存在对制硫有不利的影响。因此，与直通法一样，燃烧炉的配风比和操作状态是决定装置回收率的关键。

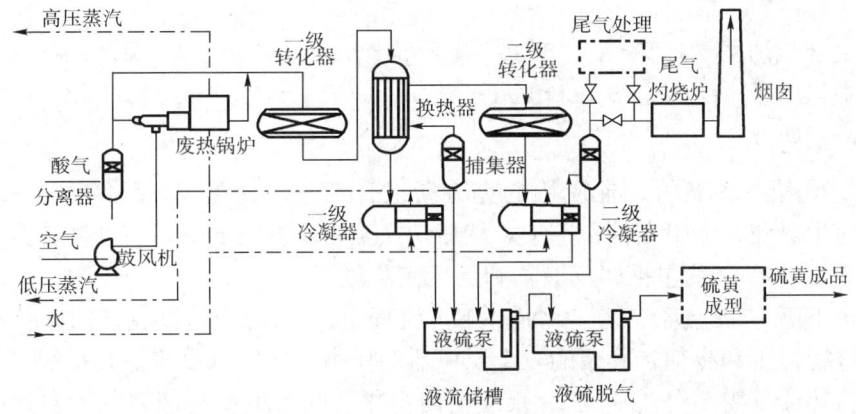

图 7-23 分流法工艺流程图

从燃烧炉出来的含有 SO_2 的高温气体，经废热锅炉回收热量以后，与其余 2/3 的酸气混合，使达到一级转化器所要求的温度，进入一级转化器，以后流程与直通法相同。

3. 直接氧化法

进料气中 H_2S 含量在 5%～10% 时推荐采用此法。它是将进料气预热后和空气混合至适当温度，直接进入转化器内进行催化反应。进入转化器的空气量按与进料 1/3 酸气的 H_2S 完全燃烧生成 SO_2 来配给。在转化器内主要按式（7-2）、式（7-3）进行反应。

4. 硫循环法

当进料气中 H_2S 含量在 5%～10% 甚至更低时可考虑采用此法。它是将一部分液硫产品返回反应炉内，在另一个专门的燃烧器中使其燃烧生成 SO_2，并使过程气中 H_2S 与 SO_2 摩尔比为 2。除此之外，流程中其他部分均与分流法相似。

三、克劳斯延伸工艺

在常规克劳斯工艺的基础上，为了进一步提高装置的硫收率、装置产能或扩展应用范围，开发了多种克劳斯延伸工艺。

由于"独立"的尾气处理装置对回收硫的贡献不过 4%～5%，从经济上的角度而言，它是产出远远不抵投入的装置，这是人类为维护自身生存环境而要求企业付出的代价。因此，千方百计降低这方面的投入成为追求的目标。将常规克劳斯与尾气处理合为一体可降低投资操作费用，克劳斯组合工艺应运而生。

最早出现的克劳斯组合工艺是 CBA 法，其后 MCRC 法问世。这两种工艺均是在低于常规克劳斯的反应温度下（低于硫露点）延续克劳斯反应以使总硫收率达到 99% 或更高一些的工艺。

其后，荷兰 Comprimo 公司使克劳斯工序在富 H_2S 条件下（即 H_2S/SO_2 大于 2）运行，然后继以一个将 H_2S 选择氧化为硫的工序，形成 Superclaus 99 工艺，总硫收率 99%。如在此工艺选择性氧化段前插入一个加氢段，总硫收率可达 99.5% 以上，称为 Superclaus 99.5 工艺。

使用富氧空气代替空气的工艺称为富氧克劳斯工艺，目前有 COPE、SURE 等工艺。另还开发了利用变压吸附生产富氧空气与之组合的 PS Claus 工艺。富氧克劳斯工艺可提高装置的处理能力，扩展了直通工艺对酸气浓度的适应范围。

1. 克劳斯组合工艺

克劳斯组合工艺主要有 CBA、MCRC 及 Superclaus 工艺,以及 ULTRA、EURO Claus 等工艺,其中运用最广泛的是 Superclaus 工艺。

1) CBA 工艺

CBA 工艺是第一种获得工业应用的克劳斯组合工艺,它在较常规克劳斯转化器"冷"的温度下反应生成硫并吸附在催化剂上,然后切换至较高的温度下运行并使硫脱附逸出,催化剂获得再生。CBA 工艺包括四反应器和三反应器流程。

(1) CBA 四反应器循环工艺。此循环工艺流程中,R_1 处于一级克劳斯转化的位置,同时对催化剂进行再生和冷却;其余的三个反应器均作为"冷"床反应器,每级之后均有冷凝器,但气流再热器仅需一台。一旦 R_1 反应器内催化剂的再生及冷却完成,它就切换成为最后一级的"冷"床反应器,如此循环。图 7-24 就是此种构型工艺流程示意图。此工艺中由于有三个反应器在"冷"态下进行,所以在 CBA 的各种构型中以此种构型的总硫收率最高。

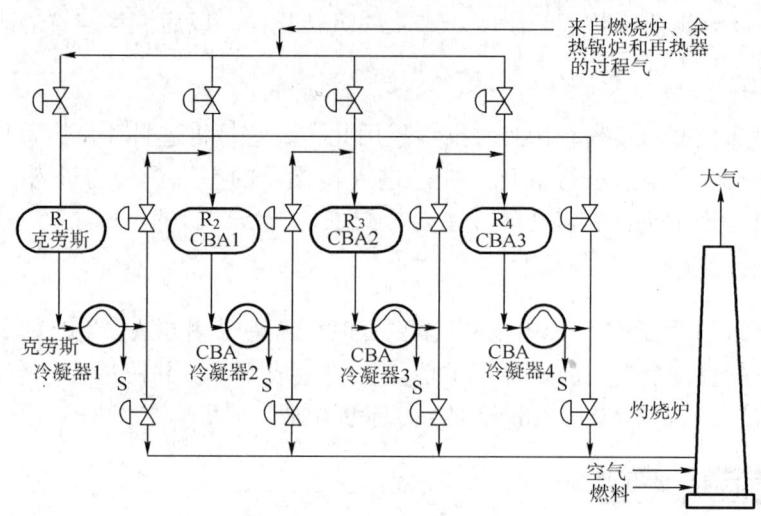

图 7-24 CBA 四反应器循环工艺流程图

(2) CBA 三反应器循环工艺。此循环工艺流程示于图 7-25。其中 R_1 作为一级克劳斯

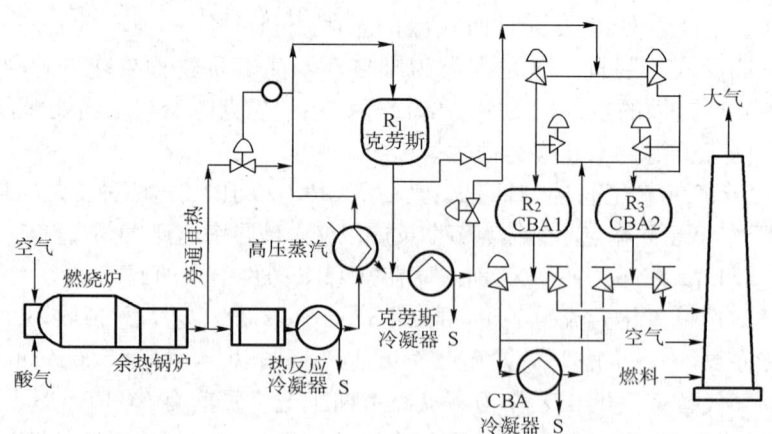

图 7-25 CBA 三反应器循环工艺流程图

转化器，其出口的热过程气（335～350℃）冷凝为液硫后在120～127℃下进入另一个CBA反应器 R_3 或 R_2。

2) ULTRA工艺

ULTRA工艺是CBA法的延伸。ULTRA是Ultra Low Temperature Reaction Adsorption的缩略，意为超低温反应吸附工艺。克劳斯尾气加氢并急冷后，分出1/3进入氧化反应器将其中的 H_2S 氧化为 SO_2，它与另外2/3气体中的 H_2S 一起在CBA反应器内反应生成硫磺并吸附在催化剂上。ULTRA工艺加氢、急冷及氧化工序流程示于图7-26。

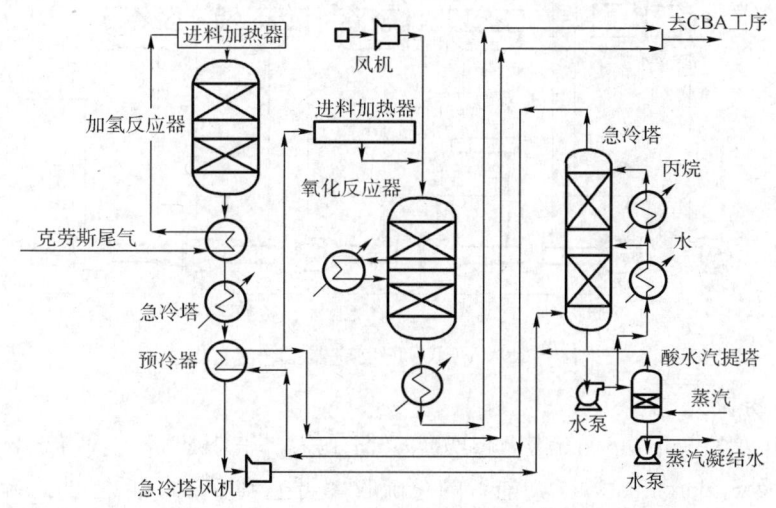

图7-26 ULTRA工艺加氢、急冷及氧化工序流程图

3) MCRC工艺

该工艺于1981年实现了工业应用。它是一种将常温克劳斯段与低温克劳斯段组合为一体的工艺。MCRC工艺也有三反应器及四反应器两种，前者的总硫收率为98.5%～99.2%，后者总硫收率可达99.3%～99.4%。

(1) MCRC三反应器工艺。工艺流程图示于图7-27。图中反应器 R_1 固定作为一级反应器；其余两个反应器 R_2、R_3 则一个处于再生阶段并同时进行常温克劳斯反应，另一个作为低温克劳斯反应段，R_2 与 R_3 定期切换。需要指出的是，R_2 与 R_3 之间在冷凝分离液硫后，过程气不需再热，再生气则是 R_1 出口经冷凝分离液硫并再热了的过程气。

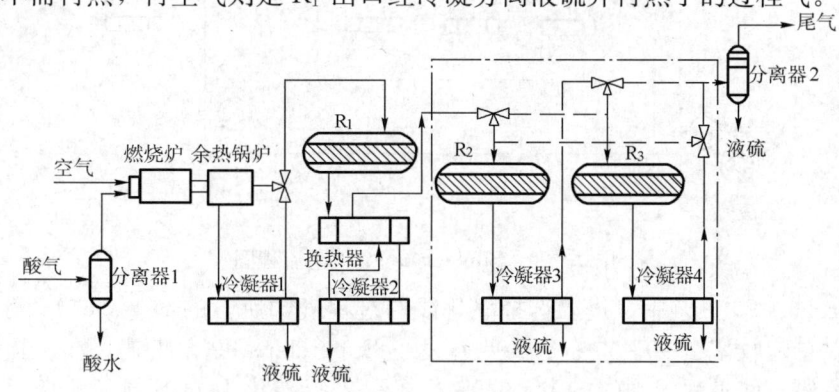

图7-27 MCRC三反应器工艺流程图

(2) MCRC 四反应器工艺。MCRC 四反应器工艺与三反应器工艺的主要区别是有两个反应器进行低温克劳斯反应。反应器 R_1 始终处于常温一级转化的位置；R_2 如处于再生及常温二级转化的位置，则 R_3 与 R_4 分别为两个低温克劳斯反应器，R_3 出来的过程气经冷凝分离液硫后再入 R_4 继续反应，待 R_2 再生结束并冷却后，再切换到最后一级的位置。如图 7-28 所示。

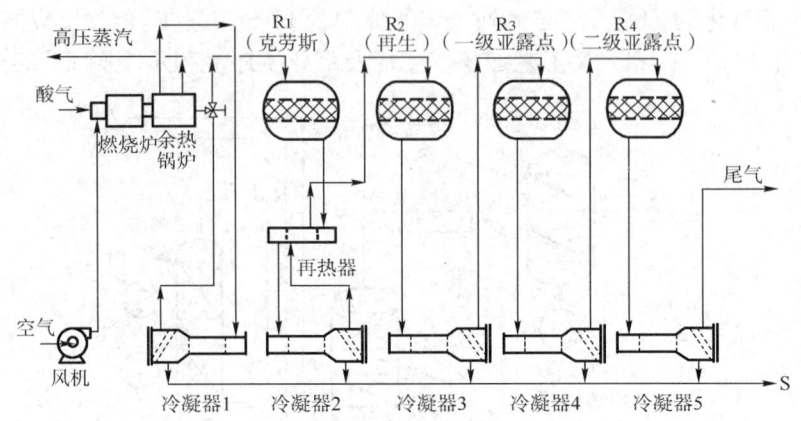

图 7-28 MCRC 四反应器工艺流程图

4) 超级克劳斯工艺

荷兰公司开发的 Superclaus 意为超级克劳斯工艺，于 1988 年工业化，包括两种构型，Superclaus 99 及 Superclaus 99.5，前者的总硫收率可达到 99%，后者的总硫收率则可达到 99.5%。

Superclaus 99 工艺的主要特点是前面的两级或三级反应器为常规克劳斯反应器，但在富 H_2S 条件下（即 H_2S/SO_2 大于 2）运行，以保证进入选择性氧化反应器的过程气 H_2S/SO_2 比大于 10，配入适当高于化学当量的空气使 H_2S 在催化剂上选择性氧化为元素硫。其工艺流程示于图 7-29。

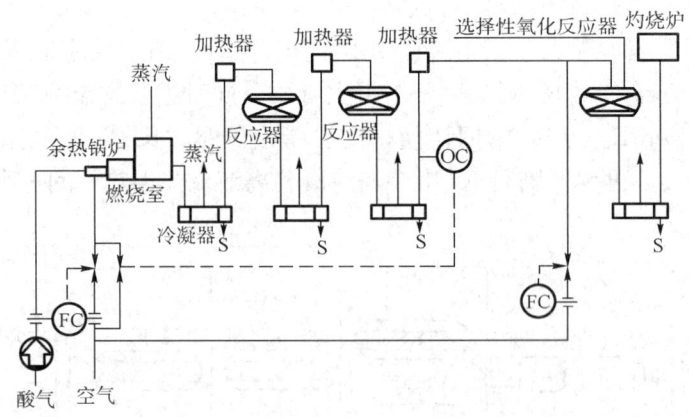

图 7-29 Superclaus 99 工艺流程图

在 Superclaus 99 工艺中，进入选择氧化段的过程气中所含的 SO_2、COS 及 CS_2 不能获得转化，所以总硫收率在 99% 左右。为此开发了 Superclaus 99.5 工艺，在选择氧化段前插入了一个加氢段，使过程气中的 SO_2、COS 及 CS_2 先行转化为 H_2S 或元素硫，从而使总硫收率升至 99.5%。图 7-30 为 Superclaus 99.5 工艺流程图。

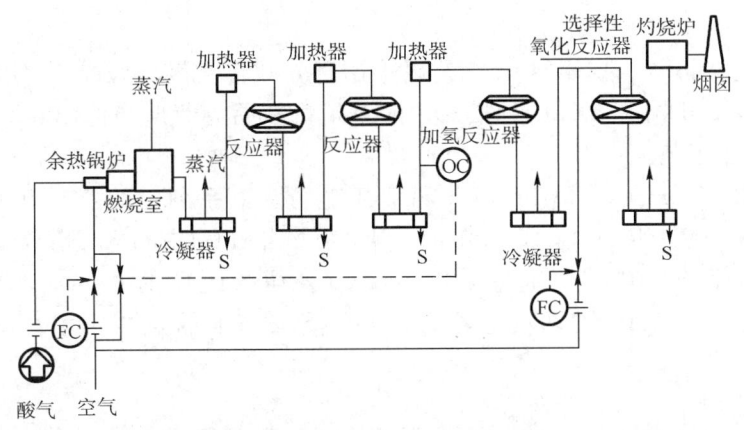

图 7-30　Superclaus 99.5 工艺流程图

Superclaus 工艺的关键步骤是选择氧化段，所使用的选择催化剂只将 H_2S 氧化为元素硫，即使氧过剩也不产生 SO_2 与 SO_3；此外，它不催化 H_2S 与 SO_2 的反应，所以它不像低温克劳斯反应那样受平衡限制，其转化率可达 85%～95%，此外也不催化 CO 或 H_2 的氧化反应；而且过程气中的水汽实际上不影响反应而不需要除去。

由于直接氧化为元素硫是一个强放热反应，1% H_2S 转化为硫的反应导致的温升约 60℃，因此进入选择氧化反应器的过程气 H_2S 浓度必须严格控制，以防超温而使催化剂失活。通常绝不允许 H_2S 浓度超过 3%，而应低于 1.5%。所以，前面的常规克劳斯段应选用性能优良的催化剂。

2. 克劳斯变体工艺

克劳斯变体工艺主要指以富氧空气为 H_2S 氧化剂的富氧克劳斯工艺及以等温反应器为特色的 Clinsulf 工艺。

1）富氧克劳斯工艺

传统的克劳斯工艺均以空气作为 H_2S 氧化为硫的氧化剂，但它带入了大量惰性的 N_2 稀释了过程气，降低了装置的效率。采用富氧空气作为克劳斯过程的氧化剂可以提高装置的效率，扩大装置的处理能力，并延伸直通工艺对酸气 H_2S 浓度的适应范围。

国外现已工业化的富氧克劳斯工艺有 Goar，COPE（富氧克劳斯扩能工艺），SURE (Sulphur Recovery) 工艺，Oxyclaus 工艺，使用变压吸附取得富氧空气 PS Claus 工艺，以及为了解决高炉温问题而开发的 NoTICE（无约束的克劳斯扩能工艺）。

富氧克劳斯装置，尤其是低富氧程度的装置，在其工艺流程中除供风的控制系统需要改革外，其余与常规克劳斯装置并无区别。图 7-31 是其流程图。

由于较低的富氧程度可在较少的投入下收到较多的效益，因此目前的富氧克劳斯装置大多在较低的富氧程度下运行。

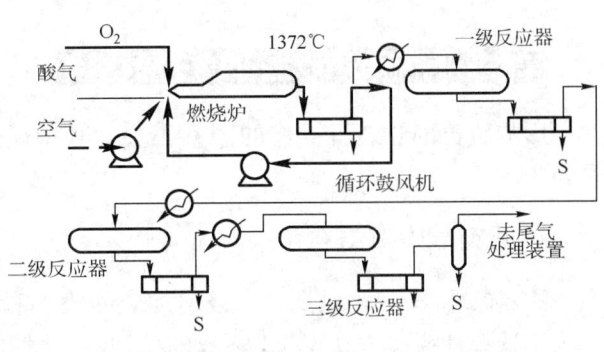

图 7-31　富氧克劳斯工艺流程图

2) Clinsulf 工艺

德国 Linde 公司开发的 Clinsulf 工艺以采用管壳式催化转化反应器为其特征。它包括 Clinsulf-SDP 及 Clinsulf-DO 两种模式,前者是将常温克劳斯与低温克劳斯组合的工艺,后者则是直接氧化工艺。

(1) Clinsulf-SDP 工艺。Clinsulf-SDP 工艺意为其系列中的亚露点工艺。重庆某净化厂引进建设了一套 Clinsulf-SDP 装置,于 2002 年 11 月投产。此套装置由热转化和催化转化两部分组成:热转化部分采用 Amoco 公司的改良的 Claus 专利技术,催化转化部分采用的是 Linde AG 的两反应器 Clinsulf-SDP(亚露点)技术。图 7-32 为其工艺流程图。

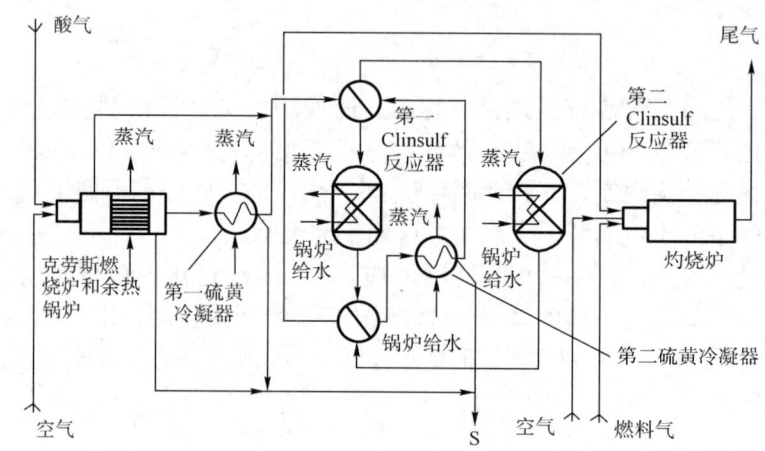

图 7-32 Clinsulf-SDP 工艺流程图

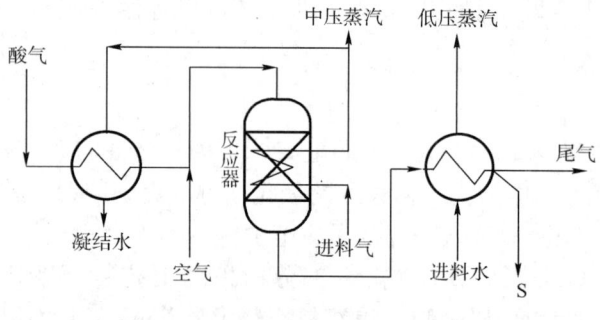

图 7-33 Clinsulf-DO 工艺流程图

(2) Clinsulf-DO 工艺。Clinsulf-DO 工艺意为此系列中的直接氧化工艺,其流程示于图 7-33。如同 Clinsulf-SDP 的反应器,上部催化剂床层为绝热段,使床温迅速上升加快反应,下部则是等温段可借有效冷却控制温度略高于硫露点,使之有更高的转化率。由于不存在反应器的切换运行问题,流程也更为简单,催化剂使用氧化钛基催化剂。

四、影响硫黄回收操作的主要因素

影响硫黄回收装置操作的因素很多,其中以进料气质量、风气比和催化剂活性等尤为重要。

1. 进料气中 H_2S 含量

进料气中 H_2S 含量高,可以增加硫回收率和降低装置投资。因此,在上游的脱硫装置中采用选择性脱硫方法,可以有效地降低酸性气体中 CO_2 的含量,这对提高克劳斯装置进料气的 H_2S 含量和装置的硫回收率,以及降低装置投资都十分有利。

2. 进料气和过程气的杂质

（1）CO_2。进料气中一般都含有 CO_2。它不仅会降低进料气中 H_2S 含量，也会与 H_2S 在反应炉中反应生成 COS 和 CS_2，这两者都可使硫回收率降低。当进料气中 CO_2 含量从 3.6%增加至 43.5%时，随尾气排放的硫损失量将增加 52.2%。

（2）烃类和其他有机化合物。进料气中含有烃类和其他有机化合物（例如进料气中夹带脱硫溶剂）时，不仅会提高反应炉的温度和余热锅炉的热负荷，也增加了空气的需要量。在空气量不足时，相对分子质量较大的烃类（尤其是芳香烃）和醇胺类脱硫溶剂将在高温下与硫反应生成焦炭或焦油状物质，严重影响催化剂的活性。此外，进料气中含有过多的烃类还会增加反应炉内 COS 和 CS_2 的生成量，影响总转化率，故要求进料气中的烃类含量（以 CH_4 计）一般不超过 2%。

（3）水蒸气。水蒸气既是进料气中的惰性组分，又是克劳斯反应的产物。因此，它的存在能抵制克劳斯反应，降低反应物的分压，从而降低总转化率。

（4）NH_3。当反应炉内空气量不足、温度也不够高时，进料气中的 NH_3 不能完全转化为 N_2 和 H_2O，大部分转化为硫氢化铵和多硫化铵，堵塞硫冷凝器的管程，增加系统压力降，严重时会使装置停产。同时，未完全转化的 NH_3 还可能在高温下生成各种氮氧化物，导致设备腐蚀和催化剂中毒。据报道，进料气中的 NH_3 含量应控制在 NH_3 与 H_2S 的体积比小于 0.042%。

对于克劳斯装置而言，酸气中的这些杂质不仅影响工艺选型，而且影响装置尺寸、硫收率、能耗及尾气排放量，还可能有其他一些负面影响。但应该指出的是，虽然进料气中杂质对克劳斯装置的设计和操作有很大影响，但一般不在进装置前预先脱除，而是通过改进克劳斯装置的设备或操作条件等办法来解决。

3. 风气比

风气比是指进入反应炉的空气与酸气的体积比。除去在燃烧炉中有少量副反应以及在一段转化器中有机硫水解对反应的配比有一定影响外，H_2S 与 SO_2 的反应是严格按量比 2∶1 进行的。如果风气比不当，则对克劳斯装置的硫收率将有显著影响；若仍以低温克劳斯尾气处理，则风气比不当对总硫收率的影响将是致命的。对于还原吸收型的尾气处理装置，风气比不当虽然对总硫收率的影响不那么严重，但对其还原工序及选吸工艺将带来很多麻烦，尤其是空气不足时对硫平衡转化率损失的影响更大，如图 7-34 所示。图中的克劳斯装置进料气组成：H_2S 为 93.0%；CO_2 为 0；烃为 0.5%（相对分子质量 30）；H_2O 为 6.5%。

由于严格精确控制风气比非常重要，所以现代化的克劳斯装置，尤其是对尾气 SO_2 排放指标有严格要求的装置，均安排有测定尾气 H_2S/SO_2 比值或 H_2S 浓度的昂贵的在线分析仪器，以精细地反馈调节风气比。

4. 催化剂

虽然克劳斯反应对催化剂的要求并不苛刻，但为保证实现克劳斯反应过程的最佳效果，仍然需要催化剂有良好的活性和稳定性。此外，由于反应炉常常产生远高于平衡值的 COS 及 CS_2，还需要一级转化器的催化剂具有促使 COS 及 CS_2 水解的良好活性。目前常用的催化剂大体分为两类：一类是铝基催化剂，如高纯度活性氧化铝及加有添加剂的活性氧化铝；另一类是非铝基催化剂，如二氧化钛含量高达 85%的钛基催化剂（用以提高 COS、CS_2 水解活性）等。

对克劳斯催化剂的要求是：高的催化活性，高的抗失活及抗老化能力，高的机械强度及抗磨耗能力，对气流的阻力低以及合理的价格。

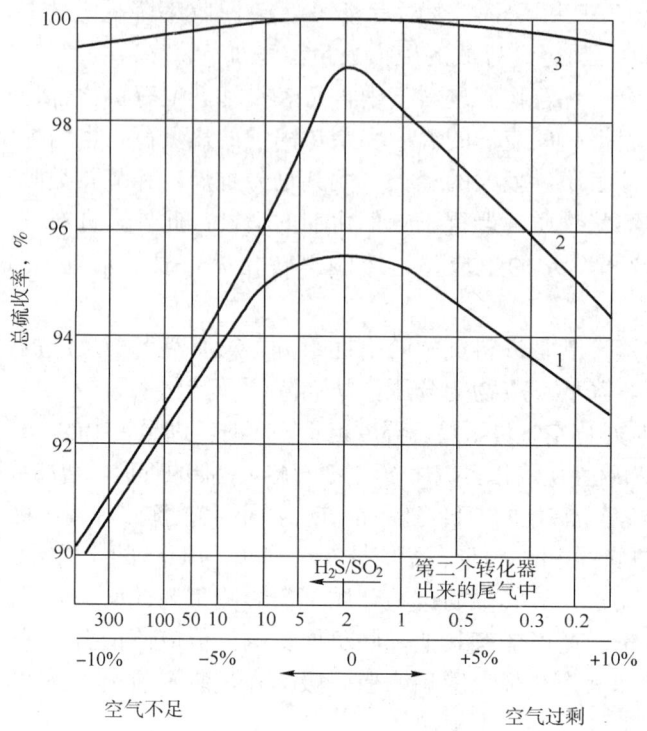

图 7-34　风气比不当对过程气 H_2S/SO_2 比值和硫回收的影响
1—两级转化克劳斯法；2—两级转化克劳斯法＋低温克劳斯法；
3—两级转化克劳斯法＋SCOT 法

5. 操作温度

克劳斯法自工业化以来，虽然在工艺上不断改进，使硫回收率有了很大提高，但因 H_2S 与 SO_2 反应生成元素硫的过程是可逆反应，受到化学平衡的限制，H_2S 与 SO_2 不可能完全转化为元素硫，故在装置尾气中不可避免地含有一定量的 H_2S 与 SO_2，影响了硫回收率。末级转化器出口过程气的温度是影响这项硫损失的关键因素。如前所述，一级转化器过程气出口温度可控制较高，一般在 310～340℃ 甚至 370℃。以后各级转化器由于已将大量元素硫从过程气中分出，也不存在 COS、CS_2 水解问题，故可在较低温度下操作，以获得较高的转化率。

6. 空速

空速是指每小时进入转化器的过程气体流量与反应器内催化剂的装填量之比，其单位为 h^{-1}：

$$空速 = \frac{每小时进入反应器的气体流量(m^3/h)}{催化剂装填量(m^3)}$$

空速是控制气体与催化剂接触时间的重要参数。空速过高时，过程气在催化剂床层上停留时间过短,使平衡转化率降低。此外,空速过高也会使床层温升增加,反应温度提高,这也不利于提高转化率。反之,空速过低会使催化剂床层体积过大。实验测定的空速与转化率之间关系如表7-7所示。

表7-7 空速和转化率的关系[①]

空速,h^{-1}	240	480	960	1920
转化率,%	27.3	26.4	25.8	24.0

① 反应温度260℃,床层高度0.8m。进料气组成为:H_2S,6.78%;SO_2,2.39%;H_2O,26.9%;N_2,63.9%。

综上所述,提高进料气质量、严格控制风气比、采用性能良好的催化剂和合适的操作温度,是实现克劳斯反应过程最佳化的必要条件,同时也是在下游进行尾气处理的前提与基础。

第三节 硫黄回收装置的尾气处理简介

用克劳斯法从酸气中回收硫黄时,由于该反应是可逆的,受到平衡条件的限制,即使采用四级转化器,硫黄回收率也只能达到93%~95%,尾气中尚有H_2S、SO_2、COS、CS_2和硫蒸气等含硫化合物,含量约为10000~40000μL/L。现在,全球对环境保护要求越来越高,如上述的总硫含量,即使采用极高的烟囱来排放经灼烧过的尾气,也很难符合排放要求。这就促进了脱除痕量硫化物方法的研究。自20世纪70年代以来,人们一方面不断改进克劳斯法工艺以提高硫回收率,另一方面则在开发各种尾气处理工艺。

尾气处理按类型可分为三类,即湿法、干法和直接灼烧法;依据基本原理可分为克劳斯反应在低温下的延续和转化-吸收两类,如图7-35所示。

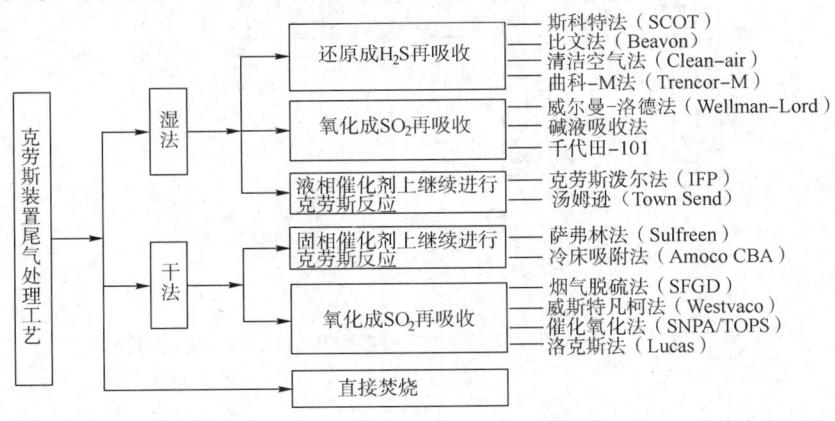

图7-35 尾气处理分类方法示意图

目前尾气处理装置具有的特点是:

(1) 结合克劳斯装置特点选出了若干种比较有效的尾气处理方法,如SCOT法、Sulfreen法及MCRC法等;

(2) 各种方法本身形成了更合理的技术路线;

(3) 将硫黄回收和尾气处理结合一体的新方法,如MCRC硫黄回收工艺、超级克劳斯法等,将成为今后发展的主流。

一、低温克劳斯工艺

此类工艺借助低于硫露点下的克劳斯反应使包括克劳斯装置在内的总硫收率达到 99% 左右，尾气中的 SO_2 浓度约为 （1500～3000） mL/m^3，如 Sulfreen、IFP 等。

这类方法的原理是在比常规克劳斯法更为有利的反应平衡条件下，即或者是在低于硫露点（亚露点）的温度下，或者是在高于硫熔点温度的液相中继续进行克劳斯反应，以便获得更多的元素硫。前者通常又称为亚露点克劳斯法，后者通常又称为液相克劳斯法。

低温克劳斯法又可分为干法与湿法两类。干法是在固体催化剂床层上进行反应，而吸附在催化剂床层上的硫黄需定期用过程气或惰性气体将其带出，以便恢复催化剂的活性。湿法是在含有催化剂的溶剂中进行反应，生成的硫黄因与溶剂密度不同而分离。

干法主要有冷床吸附法（CBA）和萨弗林法（Sulfreen），均已在工业上广泛应用。这两者的主要区别在于再生系统。萨弗林法一般设置单独的再生循环系统，而 CBA 法则利用克劳斯装置一级转化器出口气流作为再生气，故 CBA 法装置又可视为克劳斯装置的一个组成部分。湿法以克劳斯泼尔法（Clauspol）为代表，这是于上世纪 60 年代末研究成功的一种方法，又称为 IFP 法。

图 7-36 为低温克劳斯法的基本工艺流程图。

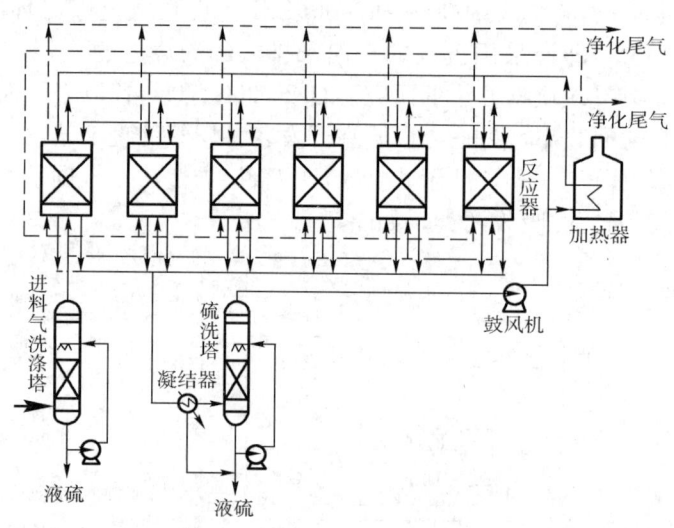

图 7-36　低温克劳斯法基本工艺流程图（Sulfreen 基本工艺）

二、还原—吸收工艺

此类工艺可达到的总硫收率超过 99.5%，甚至更可达到 99.8% 以上，从而满足世界上最严格的尾气 SO_2 排放标准。其特点是先把克劳斯尾气中的含硫化合物全部还原为 H_2S，然后再进行脱硫，最终以酸气或元素硫的形式回收。天然气工业上常用的斯科特法和比文法就属于此类型。这两个方法的还原部分是相同的，只在吸收部分有区别：斯科特法采用选择性脱硫工艺，而比文法则采用蒽醌法脱硫工艺。

还原—吸收法尾气处理工艺流程如图 7-37 所示。

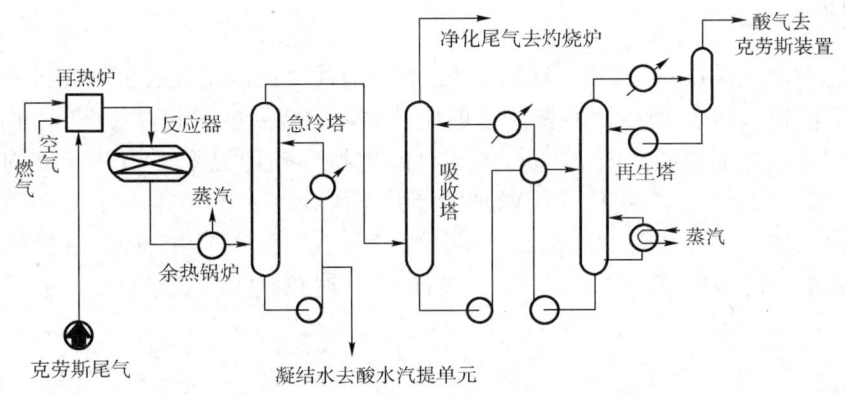

图 7-37 还原—吸收法尾气处理工艺流程图

三、氧化—吸收工艺

氧化—吸收工艺的特点是先将克劳斯尾气中的含硫化合物全部氧化为 SO_2，然后再用溶液（或溶剂）吸收 SO_2，最终以硫酸盐、亚硫酸盐或 SO_2 的形式回收。

属于此类型的方法颇多，但大多数用于排烟脱硫或处理冶炼厂、硫酸厂的尾气。其中 Wellman-Lord 法曾用于处理克劳斯装置的尾气。此法采用碱性溶液吸收，可将装置尾气 SO_2 含量降至小于 $200mL/m^3$。而 UCAP 法则是采用叔胺溶液吸收 SO_2，如果溶液的 pH 值控制得当的话，富胺可在含 CO_2 的物流中选择性地吸收 SO_2，再在一个常规的再生塔中将 SO_2 从富胺溶液中汽提出来。汽提出来的 SO_2 一般返回克劳斯装置的前部。此外，国内开发的以碱液吸收 SO_2 生产焦亚硫酸钠的工艺，也颇适合于小型克劳斯装置的尾气处理。

四、灼烧法

由于 H_2S 毒性甚大，故无论是克劳斯装置的尾气，还是尾气处理装置处理后的尾气，通常均应将其中的 H_2S 以及其他形式的硫经灼烧后以 SO_2 的形式排放。灼烧法主要是将尾气中剧毒的 H_2S 转化为 SO_2，降低排放尾气对大气的污染。对于规模很小的装置，此法仍是有效的方法。

尾气灼烧有两种方法：热灼烧和催化灼烧。

1. 热灼烧

热灼烧是在有过剩氧的存在下在 480~815℃ 之间进行的，过剩氧量为 20%~100%。尽管尾气中含有一些可燃物，但因它们含量很低，还必须用燃料气燃烧将尾气加热到一定温度才能使其中的元素硫及 H_2S 等硫化物灼烧为 SO_2。由于热灼烧法简单方便，加之还可考虑热量回收利用，故至今仍在采用。

尾气灼烧炉有简易灼烧炉和回收热量型灼烧炉两种型式。

空气适当过剩是灼烧完全的必要条件。研究结果表明，在最佳操作条件下，过剩氧为 2.08% 时，H_2 能较完全燃烧，燃料气消耗最低。

2. 催化灼烧

催化灼烧的优点是可以显著降低灼烧炉的燃料消耗。此法是在有催化剂的存在下将尾气中的 H_2S 等灼烧为 SO_2。使用性能良好的催化剂时，灼烧温度不超过 400℃。由于催化灼烧需增加催化剂费用，加之尾气中 H_2 及 COS 等硫化物在较低温度下不一定能灼烧完全，影响达标排放，故自上世纪 70 年代应用以来发展并不快。

应当指出，尾气处理装置对总硫收率的贡献率不过 4%～5% 左右，而投资及运行费用相对于克劳斯装置却是一笔不小的投入。总的说来，对总硫收率要求愈高，投入也就愈大。

参考文献

[1] 苏建华，许可方，宁德琦等．天然气矿场集输与处理．北京：石油工业出版社，2004
[2] 王开岳．天然气净化工艺．北京：石油工业出版社，2005
[3] 曾自强，张育芳．天然气集输工程．北京：石油工业出版社，2001
[4] 朱利凯．天然气处理与加工．北京：石油工业出版社，2000
[5] 梁平．天然气操作技术与安全管理．北京：化学工业出版社，2006
[6] 王遇冬．天然气处理与加工工艺．北京：石油工业出版社，1999
[7] 严铭卿，廉乐明等．天然气输配工程．北京：中国建筑工业出版社，2005
[8] 徐文渊，蒋长安．天然气利用手册．北京：中国石化出版社，2003
[9] 中国石化北京设计院．石油炼厂设备．北京：中国石化出版社，2001
[10] 林存瑛．天然气矿场集输．北京：石油工业出版社，1997
[11] 冯叔初．油气集输．东营：石油大学出版社，1988
[12] 钱颂文．换热器设计手册．北京：化学工业出版社，2002
[13] 陆良福．炼油过程及设备．北京：中国石化出版社，2006
[14] 路秀林，王者相．塔设备．北京：化学工业出版社，2004
[15] 曹登祥，蔡树东，徐永生．传质过程及设备．北京：中国建筑工业出版社，1997
[16] 陈常贵，柴诚敬，姚玉英．化工原理．天津：天津大学出版社，2004
[17] 王光然．油气储运设备．东营：中国石油大学出版社，2005
[18] 罗光熹．天然气加工过程原理与技术．哈尔滨：黑龙江科学技术出版社，1990
[19] 陈祖泽．天然气和凝析油．北京：石油工业出版社，1989
[20] 张祉祜．低温技术原理与装置．北京：机械工业出版社，1989